iKnow

Social Media Marketing

Barbara Ward

DATA BECKER

Copyright	DATA BECKER GmbH & Co. KG
	Merowingerstr. 30
	40223 Düsseldorf
Reihenkonzeption und Produktmanagement	André Kleinsorgen
Layout	Jana Scheve
Titelillustration	Leonard Ward
Umschlaggestaltung	Inhouse-Agentur DATA BECKER
Textverarbeitung und Gestaltung	Astrid Stähr
Textmanagement und Produktionsleitung	Claudia Lötschert
Druck	Media-Print, Paderborn

ISBN 978-3-8158-3717-7

Folge uns auf Facebook und Twitter:

www.facebook.com/iKnowBuecher

www.twitter.com/iknow_how

Besuche unseren Internetauftritt:

www.iKnow.de

Inhalt

6

1. Willkommen im Buch

Social Media, das ist so etwas wie der Wilde Westen der Neuzeit. Die Prärie ist das Internet, und es herrscht Goldgräberstimmung. Insbesondere für kleine Firmen und Selbstständige bieten die neuen Medien unglaubliche Möglichkeiten. Im Saloon namens Facebook stehen dann nicht mehr nur die großen Marken-Whiskeys im Regal, sondern auch die Flasche der kleinen Brennerei aus Nirgendwo. Nicht versteckt, irgendwo weit hinten, sondern ganz präsent gleich daneben. Denn die Social-Media-Landschaft ist gleichberechtigt.

Hier kann jeder seine Zelte aufschlagen. Große wie kleine Unternehmen müssen nach den gleichen Regeln spielen, und die machen die Nutzer! Mit kreativen Ideen und durchaus ohne großes Budget können Kampagnen in den Social Media mehr Aufmerksamkeit erzielen als ein Fernsehspot zur besten Sendezeit. Ich spreche aus Erfahrung.

Okay, ich wurde nicht gleich zum YouTube-Star, aber dieses Buch hätte ich nicht geschrieben, gäbe es nicht das Businessnetzwerk XING. Darüber erhielt ich die Anfrage von meinem werten Herrn Lektor, ob ich für die iKnow-Reihe schreiben möchte. Meine Stichwörter im Profil hatten gegriffen, und ich hatte einen neuen Job.

So ergeht es mir mittlerweile regelmäßig. Über meinen Twitter-Account habe ich interessante Geschäftskontakte geknüpft, die tatsächlich in Aufträgen mündeten. Ich kann Geschäftsführer passender Firmen direkt auf mich aufmerksam machen, mit Kompetenz überzeugen. Es ist wieder der Inhalt, der zählt, nicht das Werbeversprechen. Das ist eine Riesenchance für alle, die ein gutes Produkt oder eine Dienstleistung anbieten und Lust auf diese neue Kommunikationsform haben. Ohne Spaß an der Sache funktioniert es meiner Meinung nach nicht.

Mit gutem Beispiel voran: Dank Social Media ist das prizeotel in Bremen eine der am meisten gebuchten Unterkünfte der ganzen Stadt!

Das zeigen auch die vielen Erfolgsgeschichten großer und kleiner Firmen, die sich das Potenzial der Social Media zunutze gemacht haben. Das prizeotel in Bremen beispiels-

weise nutzt Twitter, Facebook, Podcasts, YouTube, Bewertungsportale, XING und betreibt einen Blog. Anfragen aus den Netzwerken und Portalen werden konsequent innerhalb von 24 Stunden individuell beantwortet.

Kritik ist ausdrücklich erwünscht! Mit dieser Strategie hat sich das Hotel in Bremen vollständig etabliert – nur ein Jahr nach der Gründung.

Vernetzte Betriebe haben mehr Marktanteil

Eine McKinsey-Studie aus dem Jahre 2010 bestätigt, dass eine intensive Beteiligung im Web sich auszahlt. Befragt wurden 3.249 Führungskräfte aus verschiedenen Branchen und Regionen. Zwei Drittel von ihnen arbeiten bereits mit Web 2.0 im Unternehmen, 40 Prozent nutzen soziale Netzwerke und 38 Prozent haben Blogs in ihren Arbeitsalltag integriert.

McKinsey glaubt an die Entstehung einer neuen Unternehmensklasse, des „vernetzten Unternehmens". Dieses zeichnet sich durch eine intensive Nutzung kollaborativer Web 2.0-Technologien aus, um Mitarbeiter miteinander zu vernetzen und Kunden und Partner zu erreichen. Aktuell nutzen übrigens nur 7% der deutschen Mittelständler Social Media!

Wie auch du mit Social Media richtig und möglichst auch erfolgreich Marketing betreibst, darum wird es in diesem Buch gehen. Du erfährst, wie und wann die vielen verschiedenen Netzwerke und Plattformen entstanden. Ganz so plötzlich, wie es manchmal erscheint, kam das alles nicht auf.

Wir schauen uns die wichtigsten Netzwerke einzeln an und beleuchten sie. Solltest du dich bereits mit Werbung im weitesten Sinne beschäftigt haben, bedenke Folgendes: Mit den klassischen Methoden wirst du im Social-Media-Bereich nicht sehr weit kommen. Hierbei sind die Karten neu gemischt. Es geht vielmehr darum, die einzelnen Plattformen und ihre jeweilige Sprache zu verstehen. Nur so kannst du sie für dein Marketing effektiv nutzen. Und wer weiß, vielleicht stößt du ja auch auf eine kleine Goldgrube.

Also, machen wir uns auf – gen Westen!

2. Social Media – Was ist dran am Hype?

Ich weiß gar nicht mehr, wann ich den Begriff „Social Media" zum ersten Mal gehört habe. Von einem Tag auf den anderen waren die Blogs und Nachrichtenportale plötzlich voll davon.

> **»Blog«:** ein Onlinejournal mit regelmäßigen Beiträgen meistens zu einem bestimmten inhaltlichen Schwerpunkt. Sprache und Ausdruck sind normalerweise weniger förmlich und meinungsstärker als in den klassischen Nachrichtenportalen. Blog ist die Abkürzung von Weblog, es ist also eine Neuschöpfung aus den beiden Begriffen Web und Logbuch. Wie du deinen eigenen Blog erstellen kannst, erfährst du in Kapitel 3.

Anfangs schwang noch viel Skepsis und Kritik in den Beiträgen mit. Irgendwann schlug das dann in das absolute Gegenteil um. Ein richtiger Boom entstand. Wenn ich heute bei Google nach Social Media suche, bekomme ich innerhalb von 0,16 Sekunden 151 Millionen Treffer gelistet. Beim Konkurrenten Bing liefert die gleiche Suche sogar 347 Mil-lionen Ergebnisse. Dafür, dass der Begriff gerade mal ein paar Jahre existiert, ist das eine ziemlich beachtliche Zahl.

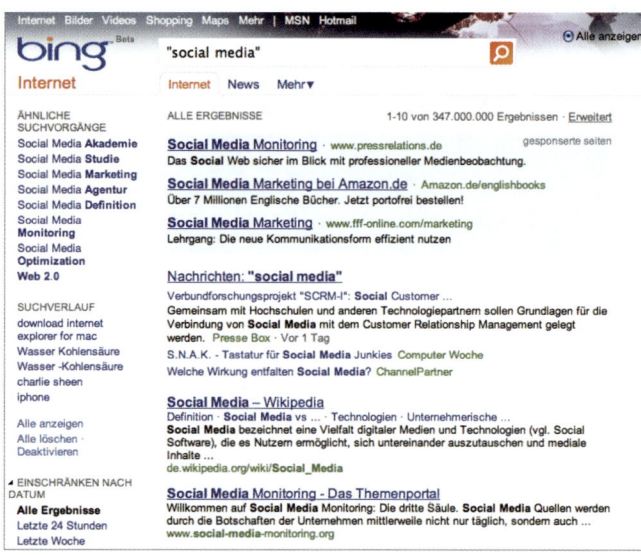

Alle reden über Social Media. Das Internet ist voll von Foren, Portalen, Seminaren und sogar Forschungsprojekten zu den neuen Onlinemedien.

Was in der Anfangszeit als Spielerei für Menschen mit zu viel Zeit galt, wird heute als eine der bedeutendsten Ent-

Gary Vaynerchuk hat den Bogen raus. Durch die geschickte Nutzung von Social Networking schaffte es der amerikanische Weinhändler, den Umsatz seines Unternehmens von vier auf 50 Millionen Dollar zu steigern. Vaynerchuk bloggt, twittert und podcastet. Er nutzt wie selbstverständlich die Social Media, um mit Menschen zum Thema Wein zu kommunizieren.

wicklungen des 21. Jahrhunderts gehandelt. Mittlerweile begegnet die Allgemeinheit den Möglichkeiten dieser neuen Medien schon fast mit Ehrfurcht. Wer die Worte „Social Media" ausspricht, erstrahlt fast von allein in einer Aura aus Innovationsgeist und Internationalität. Wenn du dich dann noch mit Anwenderkenntnissen schmücken kannst oder gar bereits geschäftlich in Facebook & Co. unterwegs bist, dann ist der Fall für deine Gesprächspartner meistens glasklar: „Der hat's raus!"

Das Internetphänomen hat nicht nur Marketingabteilungen auf den Kopf gestellt. Studien renommierter Institute untersuchen mittlerweile die Auswirkungen von Social Media auf unser Verhalten, unsere Sprache und sogar auf Freundschaften.

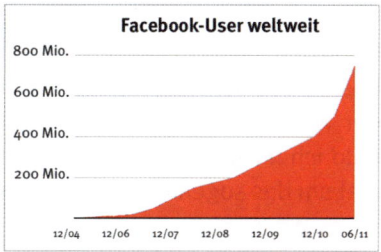

Der Siegeszug des größten Netzwerks Facebook schreitet unaufhaltsam voran. Über 600 Millionen User (darunter einige Hunderttausende Unternehmen) haben sich Mitte 2011 auf der Plattform registriert (Tendenz steigend!), die vom einstigen Harvard-Studenten Marc Zuckerberg in einer Nacht-und-Nebel-Aktion programmiert wurde.

In Talkshows, Publikumszeitschriften und Konferenzen kannst du jeden neuen Trend nachlesen und diskutieren. Offensichtlich kann man sogar ganze Bücher darüber schreiben. Die Stimmen, die den sozialen Netzwerken einst die Lebensdauer eines Goldhamsters vorhersagten, hört man zwischen all den Erfolgsgeschichten nur noch selten. Stattdessen heizen die unaufhaltsam steigenden Mitgliederzahlen der sozialen Netzwerke und deren Unternehmensdotierungen in Billiardenhöhe den Hype immer weiter an.

Bei so manchem begeisterten Fachvortrag habe ich schon das Gefühl bekommen, dass Reichtum, Erleuchtung und der Weltfrieden eigentlich sofort eintreten müssten, sobald ich mich in ein Netzwerk einlogge. Der ganze Rummel um das sogenannte Web 2.0 ist sogar mir (als Social-Media-Nutzerin der ersten Stunde) manchmal etwas suspekt. Der überschäumende Enthusiasmus von einigen Unternehmen und deren Marketingfachleuten ist nicht ganz unbegründet, dafür sprechen eindeutige Fakten und die bereits in der Einleitung erwähnte McKinsey-Studie. Weltweit integrieren Unternehmen Social Media in ihre Öffentlichkeitsarbeit und in das Kunden-Management. Und sogar mein Friseur hat eine Facebook-Fanseite! US-Comcputerhersteller Dell hat einem Bericht von Bloomberg zufolge in den Jahren 2008 und 2009 einen Umsatz von 6,5 Millionen Dollar über Twitter erzielt. Mehr als 100 Mitarbeiter des Computerherstellers halten über den Mikroblogging-Dienst direkten Kontakt zu Kunden. Die Zahl der Nutzer, die Dells Aktivitäten auf Twitter verfolgen, hat sich in drei Monaten um 23 % auf rund 1,5 Millionen erhöht. Angesichts des Dell-Jahresumsatzes von 61,1 Milliarden US-$ (2008)

»Web 2.0«: Der Begriff fiel erstmals im Dezember 2003 in einem amerikanischen Fachmagazin für IT-Manager. Er steht im Zusammenhang mit der Weiterentwicklung von Internettechnologien, die eine neue Form der Nutzung und Wahrnehmung des Internets ermöglichen. Dank dieser neuen Anwendungen können die Internetnutzer heute nicht nur Inhalte lesen und herunterladen, sondern nun auch selber erstellen, bearbeiten und weiterleiten. Seitdem nimmt die inhaltliche Dominanz von Medienkonglomeraten und Großkonzernen zugunsten aller Internetnutzer ab. Weltweite Vernetzung und Interaktion, die gemeinsame Erstellung von Inhalten und ihre Verbreitung sind die Schlüsselprinzipien des Web 2.0.

nimmt sich das Vertriebsergebnis über Twitter bescheiden aus. Dell schätzt Twitter aber dennoch als wichtiges Werkzeug, um mit seinen Kunden zu interagieren, und als dynamischen Vertriebsweg mit hohen Wachstumsraten.

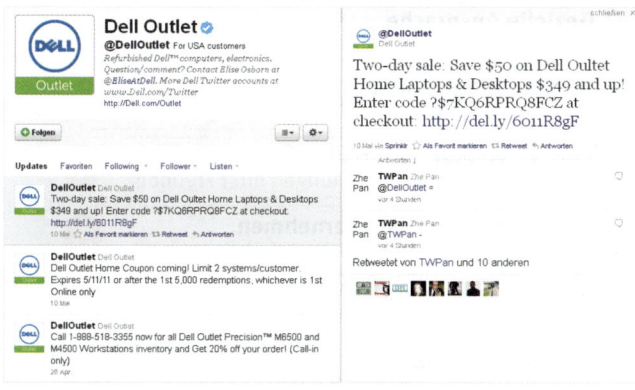

Nachrichten zu Rabatten und Sonderverkaufsaktionen des Elektro-Giganten Dell erhalten aktuell rund 1,5 Millionen Menschen. Und das vollkommen freiwillig!

Die Vorteile von Nachrichten an deine Kunden über Social Media liegen klar auf der Hand. Sie sind im Vergleich zu herkömmlichen Marketing deutlich günstiger, der Aufwand ist überschaubar und sie kommen nachweislich besser an als ungewollte Werbebotschaften. Denn die Empfänger haben dir mit einem Klick auf den *Gefällt mir*-Button von Facebook oder den *Folge ich*-Button auf Twitter die Erlaubnis gegeben, sie mit Informationen über deine Produkte, Angebote und Aktionen zu versorgen.

Auch eine Studie der Agentur index bestätigt diesen Social-Media-Trend: Bereits 60 % der befragten Unternehmen nutzen das Internet für PR-Tätigkeiten. Für 27 % sind Onlinekanäle sogar der Mittelpunkt der Kampagne. Und die drei stärksten Marken weltweit sind längst nicht mehr trendige Sportartikelhersteller oder Fast-Food-Ketten, sondern Social-Media-Plattformen, nämlich Facebook, YouTube und Wikipedia. Solche Statistiken hätte man sich vor wenigen Jahren nicht im Traum einfallen lassen.

»Mikroblogging« ist eine Form des Bloggens, bei der die Benutzer kurze, SMS-ähnliche Textnachrichten veröffentlichen können. Die Länge dieser Nachrichten beträgt meist weniger als 200 Zeichen, bei Twitter sogar nur 140 Zeichen.

»Permission Marketing«: Darunter wird Werbung mit dem Einverständnis (Permission) des Nutzers verstanden. Bei normaler Werbung wird der Konsument ungefragt mit Werbung belästigt. Beim Permission Marketing werden die Rollen vertauscht: Der Empfänger spielt eine aktive Rolle. Erst wenn er explizit zustimmt, erhält er die Angebote des Unternehmens. Ein großer Vorteil des Permission Marketing ist die höhere Akzeptanz. Wer aktiv eingewilligt hat, ist der Werbung gegenüber aufgeschlossener als jemand, der ungefragt Werbung erhält.

Ob man die Entstehung von Social Media nun gleich mit der Erfindung des Buchdrucks gleichsetzen kann, bleibt noch abzuwarten. Fest steht aber, dass die Netzwerke so schnell nicht aus dem Alltag der Internetnutzer verschwinden werden. Aus dem schillernden Hype entstehen Standards.

Einige Plattformen haben sich schon jetzt als reichweitenstarke Onlinemedien etabliert, über die Unternehmen ganz gezielt Kunden, Geschäftspartner und Mitbewerber recherchieren können. Wer es richtig macht, hat schnell die Nase vorn.

Top 10: Warum du mit Social Media Marketing anfangen solltest

Marketingkosten senken
Es gibt kein effizienteres Marketingtool ❶

Gezielte Ansprache
Kommunikation ohne Streuverluste ❷

Direkter Kundendialog
Finde heraus, was deine Kunden bewegt ❸

Kunden werden Botschafter
83 % glauben den Empfehlungen ihrer Freunde ❹

Die Erfolgskontrolle übernehmen
Du kannst präzise messen, was du bewegt hast ❺

Aktuell und modern auftreten
Social Media gehören zum Alltag ❻

Schnelle Reaktionszeit
Neue Produkte & Co. sofort bekannt machen ❼

Besseres Google-Ranking
Social Media-Präsenz erhöht die Trefferquote ❽

Höhere Glaubwürdigkeit
Gewollte Botschaften kommen besser an ❾

Marktforschung
Mit Gratis-Umfragen Bedürfnisse ermitteln ❿

Aktuelle Top 10 online: www.iknow.de

Es lohnt sich sicher auch für dich, sich von dem Hype nicht abschrecken zu lassen und etwas genauer hinzuschauen. Hinter dem abstrakten Begriff Social Media (Marketing) verstecken sich nämlich eine ==ganze Reihe konkreter, direkter Kommunikationsmöglichkeiten, die besonders kleinen und mittelständischen Unternehmen viel Potenzial bieten.==

Der Siegeszug der Social Media

Wann ging es eigentlich los mit Social Media? „2004 mit Facebook!", sagen viele. „Weit gefehlt!", sagen die anderen, denn da war das Netzwerk Friendster schon seit zwei Jahren online! Und in den Neunzigern gab es längst Geo-Cities. Begann nicht sowieso eigentlich alles mit den Rauchzeichen? Du siehst, es ist gar nicht so einfach, festzulegen, wann das schöne Märchen von den Social Media begann. Aber einen Versuch ist es wert.

Mein? Dein? Unser! Ursprünge der Social Media

Es waren einmal … computerbasierte Projekte, die den Austausch von Informationen zwischen einzelnen Nutzern ermöglichten. Die gab es schon in den 70er-Jahren, genau

genommen 1973. Damals stellte der ehemalige Computer-Spezialist Lee Felsenstein mit einigen Kollegen im kalifornischen Berkeley ein Computer-Terminal auf. Computer waren damals noch eine absolute Rarität.

GeoCities wurde 1994 gegründet, 1999 von Yahoo! aufgekauft, und bot kostenloses Webhosting an. Dafür mussten seit 1997 Werbefenster akzeptiert werden. GeoCities wurde am 26. Oktober 2009 bis auf den japanischen Ableger von Yahoo! eingestellt.

Der Rechner stand direkt neben einem schwarzen Brett in einem Schallplattenladen und jeder, der vorbeikam, wurde eingeladen, auf dem Computer eine Nachricht zu hinterlassen. Fasziniert von der damals noch völlig neuen Technologie hinterließen Musiker, Kunden und Studierende der nah gelegenen Elite-Uni kleine Einträge auf dieser elektronischen Pinnwand. Das Projekt war noch bis in die späten 80er-Jahre unter dem Namen *Community Memory* bekannt.

San Francisco: Hier steht die Wiege des interaktiven Webs.

Ende der 70er-Jahre wurden solche Pinnwand-Projekte im größeren Stil populär. Unter dem Namen BBS, **B**ulletin **B**oard **S**ystem (deutsch Schwarzes-Brett-System), entstand erstmals die Vernetzung einzelner Nutzer über Computer.

Im BBS-Zeitalter ging es um einiges bescheidener zu: Statt Videos, Fotos und Musik flackerte nur Text über den Bildschirm. Und das in teils haarsträubenden Farben.

Über die Telefonleitung konnte man sich auf den Computer eines anderen einwählen und dort Inhalte hoch- oder herunterladen. Meistens landete man einfach auf einem pri-

»**Filesharing**«: Direkte Weitergabe bzw. Austausch von Dateien zwischen zwei und mehr Internetusern. Die Dateien befinden sich auf den Computern der Teilnehmer oder auf Servern und werden von dort aus verteilt. In der Regel werden Dateien von den einzelnen Nutzern gleichzeitig sowohl heruntergeladen als auch hochgeladen. Für den Zugriff sind spezielle Programme oder Browser erforderlich.

vaten Rechner. Mit viel Glück gab es dann dort das neuste Videospiel zu ergattern. Und das konnte alles ganz schön lange dauern …

Auch wenn das noch wenig spektakulär klingt: Damit wurde aber das Teilen von Daten (engl. Filesharing) erfunden. Vielleicht erinnerst du dich noch an Napster? Da war das Filesharing nämlich Dreh- und Angelpunkt.

Napster wurde 1998 als Peer-to-Peer-Filesharing-Plattform gegründet. Es war also ein Netzwerk, über das Verbindungen zwischen Rechnern hergestellt werden konnten, um Daten (vorrangig Audiodateien im MP3-Format) auszutauschen.

Dieser kostenlose Austausch von Musik bescherte Napster juristische Auseinandersetzung mit großen Plattenfirmen.

Im Juli 2001 musste Napster daraufhin schließen. Unter der Marke Napster wird heute ein Onlineshop für Musik betrieben. Noch vor Napster kamen allerdings erst mal die Chats. Los ging es 1988 mit IRC, dem Vorgänger des Mitte der 90er-Jahre entwickelten ICQ.

Fortan konnten Mallorca-Flirts und interkontinentale Brieffreundschaften bequem vom heimischen Sofa aus am Leben erhalten werden. Alles, was man brauchte, war ein Internetzugang und ein PC.

Der Austausch per ICQ hat in der Geschichte der Social Media Spuren hinterlassen: Viele Abkürzungen, die heute noch in SMS oder in sozialen Netzwerken benutzt werden, sind in den Hochzeiten von ICQ entstanden, ebenso wie die Benutzung von Smileys in SMS und E-Mails.

ICQ steht heute noch kostenlos zum Download zur Verfügung. Neben Desktop-Versionen für Mac und PC gibt es auch Varianten für iPhone & Co.

2. Social Media – Was ist dran am Hype?

»ICQ«: Ein Computerprogramm, das den Versand von Textnachrichten in Echtzeit erlaubt. Diese sogenannten **I**nstant-**M**essaging-Dienste (kurz IM) werden heute auch einfach als Chat (deutsch plaudern) bezeichnet. ICQ wurde erstmalig 1996 entwickelt und zum kostenlosen Download bereitgestellt. Über das Programm konnten registrierte Mitglieder untereinander Textnachrichten und Links austauschen. Laut Time Warner hat ICQ auch heutzutage noch über 100 Millionen registrierte Nutzer.

Auch die Idee, sich für Internetplattformen ein zweites Ich, den sogenannten Avatar, zuzulegen, spricht man den Instant-Messaging-Diensten zu.

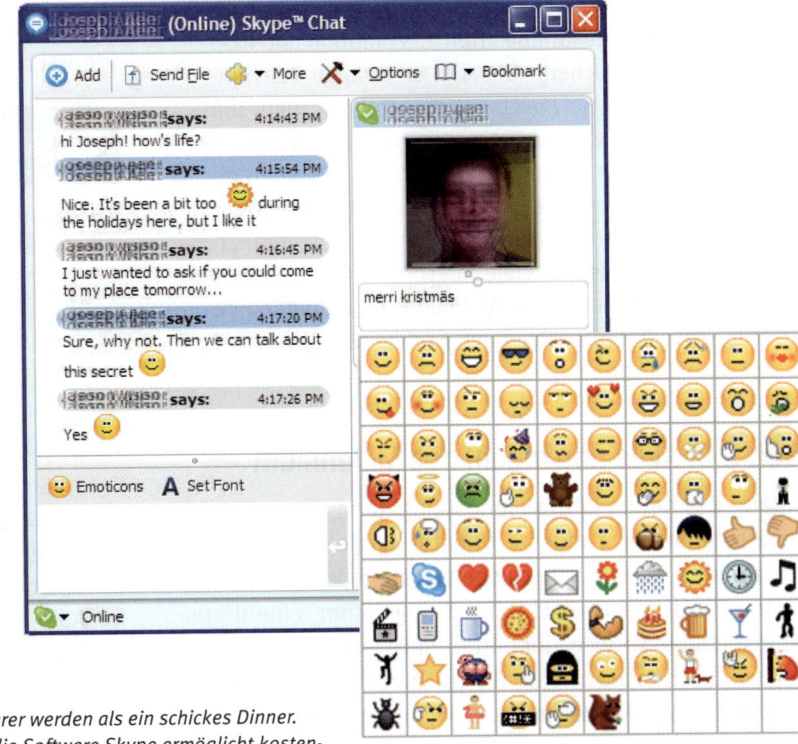

In den 90er-Jahren konnte ein Übersee-Telefonat schnell teurer werden als ein schickes Dinner. Heutzutage gucken die Telefonanbieter in die Röhre, denn die Software Skype ermöglicht kostenlose Telefonate von Computer zu Computer – und damit sogar von Kontinent zu Kontinent. In der integrierten Chat-Funktion sind die lustigen Smileys, sogenannte Emoticons, fester Bestandteil der digitalen Unterhaltung. Ein Überbleibsel aus den IM-Zeiten!

»Emoticon«: Eine Komposition aus Emotion und Icon (deutsch Bildzeichen). Gemeint sind damit Zeichenfolgen, die aus Satzzeichen hergestellt werden, um Gesichtsausdrücke zu imitieren. Das berühmteste Emoticon ist der Smiley :-) Mit Emoticons werden digitale Botschaften wie z. B. in E-Mails, Statusmeldungen oder Chat-Nachrichten um Stimmungen ergänzt. Mittlerweile ersetzen viele Internetdienste und Programme (beispielsweise Word und Outlook) gängige Emoticons automatisch durch Grafiken.

niger nützlichen Tipps. Der Begriff User Generated Content (deutsch nutzergenerierter Inhalt) entstand.

blogger.com Hier kann jeder schreiben und veröffentlichen, was das Zeug hält. Denn um einen Blog zu betreiben, muss man weder programmieren können noch bezahlen.

Web 2.0: Alles neu macht das Millennium

Anfang des neuen Jahrtausends ging dann alles plötzlich ganz schnell. Zwar musste Napster schließen, aber das Prinzip des gemeinschaftlichen Erstellens und Teilens hatte sich durchgesetzt. Dank Blogger.com, einem kostenlosen Blog-Service, der mittlerweile von Google betrieben wird, schossen private Blogs überall aus dem Boden. Plötzlich musste jeder mittels Onlinetagebuch dem Rest der Welt mitteilen, was er gefrühstückt oder wie viele Maschinen Wäsche er an diesem Tag schon gewaschen hatte. Foren und Gästebücher waren voll mit nützlichen und we-

»User Generated Content«: Eines der Schlagworte des Web 2.0. Es handelt sich um Inhalte einer Internetseite, die nicht von den Betreibern, sondern von den Nutzern erstellt wurden. Das können Texte sein wie Kommentare oder Blog-Beiträge, aber auch Video-, Foto- oder Audiomaterial, das von den Nutzern selber kommt. Das Wort Content allein (deutsch Inhalt) wird ganz allgemein für alle redaktionellen Inhalte im Internet benutzt. Plattformen wie Wikipedia oder Facebook basieren auf nutzergenerierten Inhalten und bieten gar keinen eigenen Content.

Mit LiveJournal und Friendster entstanden zur Jahrtausendwende auch die ersten sozialen Netzwerke, wie man sie heute kennt. Nutzer hatten eigene Profile, stellten Verbindungen zueinander her und entwickelten gemeinsam Inhalte. Von da an war der Schritt zu den großen Plattformen, die auch heute noch existieren, nicht mehr weit. Die zweite Generation des Internets hatte ihre Form gefunden – das Web 2.0 war da.

LiveJournal. Seit 1999 ist der Dinosaurier unter den sozialen Netzwerken schon online. Über 25 Millionen Nutzer bloggen und kommentieren bis heute auf der Plattform.

Technologische Grundlage fürs Web 2.0: AJAX

AJAX ist eine Methode zur Entwicklung von Websites, der ein neues Konzept zugrunde liegt. Die klassische Programmierung basierte auf dem Submit-Refresh-Prinzip (deutsch anfragen-neuladen). Das heißt, ein Nutzer musste in der Regel erst auf einer Website klicken, um neue Inhalte zu erhalten. Allerdings ist das Prinzip nicht sehr effizient, da die gesamte Website nach dem Klick erst verschwindet, und dann komplett neu geladen werden muss. Mit AJAX ist es möglich, dass auf einer Website ohne Zutun des Nutzers im Hintergrund Daten abgefragt werden, sodass neue Inhalte automatisch aktualisiert werden. Dadurch müssen nur neue Inhalte geladen werden. Das ist nicht nur für den Website-Besucher praktischer, sondern schont die Server und verkürzt damit auch die Ladezeiten.

Die Echtzeit-Kommunikation von sozialen Netzwerken wie Facebook oder Twitter basiert auf diesem neuen Konzept. Wenn du bei einem sozialen Netzwerk registriert bist, kennst du das vielleicht: Während du auf der Website surfst, erscheinen automatisch Hinweise, sobald etwas Neues passiert. Technik sei Dank!

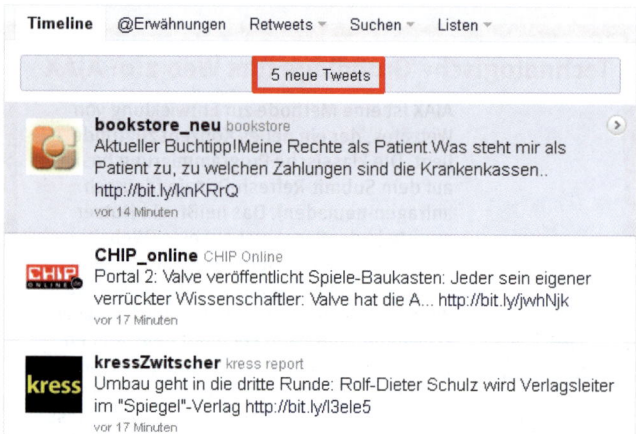

Das nenn ich mal Service: Während ich noch die aktuellen Meldungen auf Twitter lese, informiert mich ein kleiner Hinweis, dass es mittlerweile schon neun neue Nachrichten gibt.

Letztes Endes gab es also zwei maßgebliche Aspekte in der Entstehung der Social Media: Ein neues Verständnis des Internets, sozusagen die Philosophie eines gemeinschaftlich erschaffenen Informationsnetzes, und die dafür notwendige Technik. Erst als beide aufeinander trafen, wurde das Web 2.0 möglich. Ein interaktives Internet mit Gestaltungs-, Informations- und Kontaktmöglichkeiten über Zeit und Raum hinweg. Klingt gut, oder?

Die vernetzte Welt

© ag visuell – Fotolia.com

Anfangs habe ich noch versucht, mich den Social Media zumindest privat zu verwehren. Aber irgendwie lief das wie mit den Handys damals: Gruppenzwang vom Allerfeinsten. Früher oder später waren einfach alle Leute über die Onlinemedien vernetzt, und wenn man nicht die nächste Geburtstagsfeier verpassen wollte, musste man dabei sein. Ohne irgendein Profil bei StayFriends, Facebook, XING, Wer kennt wen oder MeinVZ mutierte man auch beim Mittagessen mit den Kollegen schnell zum stummen Beobachter. Eines Morgens ertappte ich mich dann dabei, dass ich mich in meine Netzwerke einloggte, noch bevor ich nach den E-Mails geschaut hatte. Ein klarer Beweis dafür, dass ich völlig drin stecke im Social-Media-Gequassel.

Mittlerweile gibt es Abertausende von Websites, Plattformen und Portalen, die in die Kategorie Social Media fallen. Der Begriff geht auch so leicht über die Lippen, dass alles Mögliche mit dem hippen Etikett versehen wird. Selbst wer im Englischunterricht mit dem th kämpfte, kann den Trendbegriff lässig in jede Unterhaltung einstreuen. Dabei ist längst nicht alles Social Media, wo Social Media drauf steht. Besonders im Marketing sollte man zwischen Social Media und Social Networks unterscheiden!

Social Media vs. Social Networks

Bei Social Networks ist der Name Programm: Es handelt sich um Anwendungen oder Plattformen, bei denen die Vernetzung registrierter Nutzer im Vordergrund steht. Man kann sich mit Menschen, die man kennt, austauschen und je nach Schwerpunkt des Netzwerks auch neue Kontakte herstellen.

Das Netzwerk Friendster wurde beispielsweise gegründet, damit sich fremde Menschen leichter, aber auch sicherer kennenlernen können. In sozialen Netzwerken geht es also größtenteils um dich selber und deine Freunde. Kapitel 4 widmet sich den wichtigsten Netzwerken für das Marketing von kleinen und mittelständischen Firmen.

»Social Media«: Darunter versteht man eher Informationskanäle oder Kommunikationsmedien. Es geht hier viel mehr um den Inhalt auf der Plattform, als um die Personen. Das „Soziale" daran ist, dass die Informationen und Meinungen diskutiert, ausgetauscht und kommentiert werden. Meistens wird der Inhalt sogar von den Nutzern gemeinschaftlich erstellt und zusammengetragen. Die Meldungen, Artikel, Blog-Beiträge, Videos oder Fotos werden außerdem innerhalb des Internets von den Nutzern weiter verbreitet.

Kommunikation im Social Media Zeitalter: Jeder entscheidet für sich selbst, was er wann, wo und wie abruft, wahrnimmt und ggf. darauf reagiert. © ioannis kounadeas – Fotolia.com.

Testen wir mal an einem Beispiel, ob das passt: YouTube – Social Media oder doch Netzwerk? Grundsätzlich fällt YouTube in die Kategorie Social Media. Der Gründergeist von YouTube bestand ja darin, in einer Art Filmtagebuch Meinungen oder Fragen einzustellen. Manche Leute haben sich da hochpolitisch gezeigt, andere haben über ihr Hobby oder alte Zeiten geplaudert. Andere Nutzer konnten die Beiträge dann wieder kommentieren. YouTube war also

eher ein Video-Blog. Das Projekt war so erfolgreich, dass es nicht lange dabei blieb. Du findest dort jetzt alles, was sich mit einer Kamera festhalten lässt: Music-Clips, Kurzfilme, Anleitungen für Handwerker, Schminktipps, Urlaubsvideos, Imagefilme, Tanzkurse etc. Und zwar nicht nur von Privatleuten, sondern in zunehmendem Maße auch von Unternehmen, die selbst produzierte Videos heutzutage immer öfter für die schnelle, unterschwellige Verbreitung von Werbebotschaften einsetzen (virales Marketing).

>**Virales Marketing«:** Eine relativ neue Marketingdisziplin, die Social Media und Social Networks nutzt, um mit einer meist ungewöhnlichen oder hintergründigen Nachricht auf eine Marke, ein Produkt oder eine Kampagne aufmerksam zu machen.

Wie der Begriff schon sagt, sollen sich die Werbebotschaften wie ein Virus verbreiten. Hier geht es nicht um die gezielte Ansprache deiner Zielgruppen, sondern darum, innerhalb kürzester Zeit möglichst viele Menschen zu erreichen. Verbreitet werden die Werbevideos, die nicht immer als solche zu erkennen sind, über Social Media und Social Networks wie Facebook oder YouTube.

Oft sind es witzige Videos, wie zum Beispiel der Darth-Vader-Spot von VW, mit denen versucht wird, sich gegen die Werbeüberflutung durchzusetzen. Die eigentliche Werbebotschaft (hier: VW Passat) tritt zumeist in den Hintergrund.

Virales Marketing basiert auf ähnlichen Prinzipien wie das Empfehlungsmanagement. Jeder Betrachter eines Videos, der es per E-Mail oder über Social-Media-Kanäle weiterleitet, gibt gleichzeitig auch eine Empfehlung damit ab.

Falls du zu den eingefleischten YouTube-Fans gehörst, dann weißt du vielleicht, dass die Plattform neben dem Hochladen und Abspielen von Videos seit einiger Zeit noch weitere Funktionen anbietet: Angemeldete Nutzer können nämlich eine Art Profilseite anlegen, Videokanäle abonnieren und sogar Nachrichten verschicken. Das sind doch eigentlich klassische Eigenschaften eines Netzwerks? Was haben die bei YouTube verloren? Tja, das passiert in der Social-Media-Landschaft häufig: Social Media integrieren Funktionen von Netzwerken in die Plattform und umgekehrt. Beispielsweise kann man ja auch auf Facebook – dem Netzwerk par excellence – Fotos und Videos hochladen. Trotzdem bleibt es vorrangig ein Netzwerk. Es gibt sogar Stimmen, die die reinen Netzwerke bereits für tot erklären. Demnach liegt die Zukunft in vielseitigen Social-Media-Plattformen, also mit vielen Möglichkeiten für Austausch, Verbreitung und Kommunikation untereinander. Alles andere ist schon wieder Schnee von gestern.

Jeder angemeldete YouTube-User hat übrigens nach der Anmeldung automatisch einen eigenen Kanal (Channel). Der Kanalname entspricht deinem Benutzernamen, den du bei der Anmeldung angegeben hast. In diesem YouTube-Kanal können alle Videos, die du hochgeladen oder

als Favorit markiert hast, eingesehen werden. Zusätzlich können auf der Channel-Seite deine Profildaten, Abonnenten, eigene Abos, Freunde und Kommentare eingeschaltet und für alle sicht- und nutzbar gemacht werden.

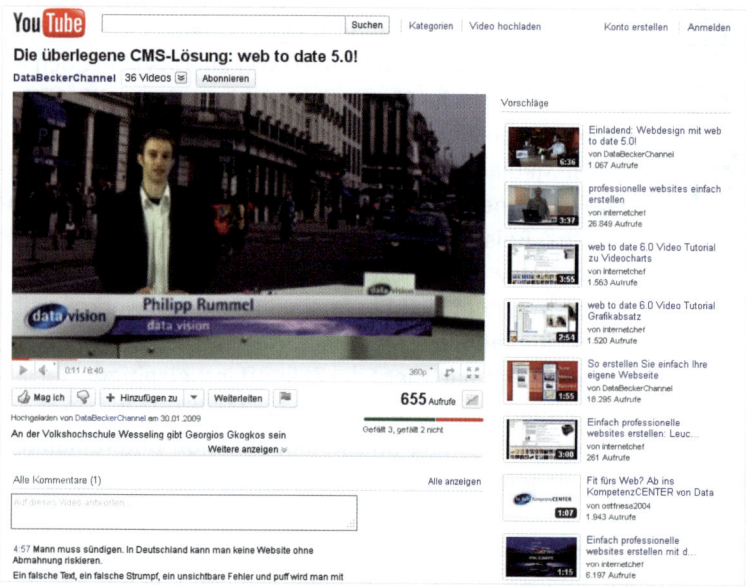

Immer mehr Unternehmen (wie hier im Beispiel auch DATA BECKER) nehmen den YouTube-Channel in ihren Marketing-Mix auf. Wer deinen Kanal abonniert hat, wird automatisch über neue Videos von dir informiert. Was nur die wenigsten wissen: Hinter der Videoplattform verbirgt sich noch eine ausgewachsene Community.

Das Social-Media-Imperium

2010 stand unter dem Motto: Raus aus den Kinderschuhen! Die Social-Media-Landschaft hat noch einmal einen Zahn zugelegt. Hast du in letzter Zeit mal versucht, eine Internetseite zu finden, auf der nicht die Logos von großen Netzwerken prangen? Ich sehe überall nur noch YouTube-Videos, Share-Buttons, Twitter-Vögelchen und den Gefällt-mir-Daumen von Facebook.

Mit Share-Buttons lassen sich interessante Netzfunde schnell und einfach empfehlen. Je mehr Social-Media-Inhalte von dir auf diese Weise verbreitet werden, desto besser für deine Firma.

»Share-Button«: Besucher einer Website können deren Inhalte wie Artikel, Fotos und Videos verbreiten, indem sie Links und Informationen dazu auf Social-Media-Plattformen posten. Nach Klick auf den Share-Button wird automatisch eine kleine Vorschau generiert. Der Benutzer muss sich nur noch kurz einloggen. Das Weiterleiten von Inhalten wird dadurch enorm erleichtert.

Vernetzung und Integration waren die Schlagwörter für die neue Wachstumsphase. Websites werden mit den dazugehörigen Profilen bei Netzwerken verknüpft, Blogs auf Plattformen diskutiert und sowieso lief alles irgendwann auf Facebook hinaus. Von wegen, alle Wegen führen nach Rom. „Alle Klicks führen zu Facebook", könnte man momentan sagen.

Und so ist es nicht sehr verwunderlich, dass 2010 auch die Senioren – eine interessante und lange unterschätzte

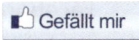

Ein Daumen erobert die Welt: Der GEFÄLLT MIR-*Button von Facebook hat schon fast Kult-Status erreicht. Auf einen offiziellen* GEFÄLLT MIR NICHT-*Button wartet die Facebook-Gemeinde bis heute vergeblich.*

Zielgruppe – in die Netzwerke kamen. Die Rate der Internetnutzer, die älter als 65 sind und mindestens ein Social Network nutzen, stieg 2010 um 100 %! Auch innerhalb der etablierten Netzwerke war einiges los.

Ständig änderte sich auf Facebook etwas. Der größte Einschnitt war wohl die neue Profilseite mit mehr Fotos und einem verbesserten Nachrichtenfluss.

Twitter machte 2010 Nägel mit Köpfen und ging mit einer komplett überarbeiteten Nutzeroberfläche ins Rennen. #NewTwitter heißt die im Nutzer-Jargon.

Sogar das deutsche Karrierenetzwerk XING hat einiges überarbeitet und ist mit erweiterten Statusmeldungen und Kommentarfunktion den internationalen Netzen ähnlicher geworden.

Dazu kamen ständig neue Dienste, Plattformen und Funktionen wie Mitte 2011 Google Plus. Das Spektrum an Websites explodierte förmlich. Glaubst du nicht? Na, dann schaue dir die Grafik von ethority auf der nächsten Seite mal etwas genauer an.

Social Media sind nämlich nicht unbedingt immer weltweite Phänomene, sondern haben durchaus unterschiedliche regionale Schwerpunkte. Die 100 Millionen Mitglieder von Orkut kommen beispielsweise vorrangig aus Indien und Brasilien.

Auch im Iran und Estland ist das von Google betriebene Netzwerk stärker als Facebook. Für Deutschland (und damit auch für dieses Buch) hat Orkut keine Relevanz. Stattdessen gibt es hier Stayfriends und die VZ-Familie. Im Bereich Video-Broadcasting sind die beiden Anbieter Clipfish und sevenload recht weit vorne, von denen in den USA vermutlich noch niemand gehört hat.

Das sogenannte Conversation Prism (deutsch Konversationsprisma) wurde ursprünglich von Brian Solis und der Agentur JESS3 entwickelt. Das Prisma zeigt alle wichtigen Social-Media-Kanäle im Überblick. Diese Version hier ist aber nicht das Original, sondern eine von der Social-Media-Agentur ethority auf den deutschen Markt zugeschnittene Version.

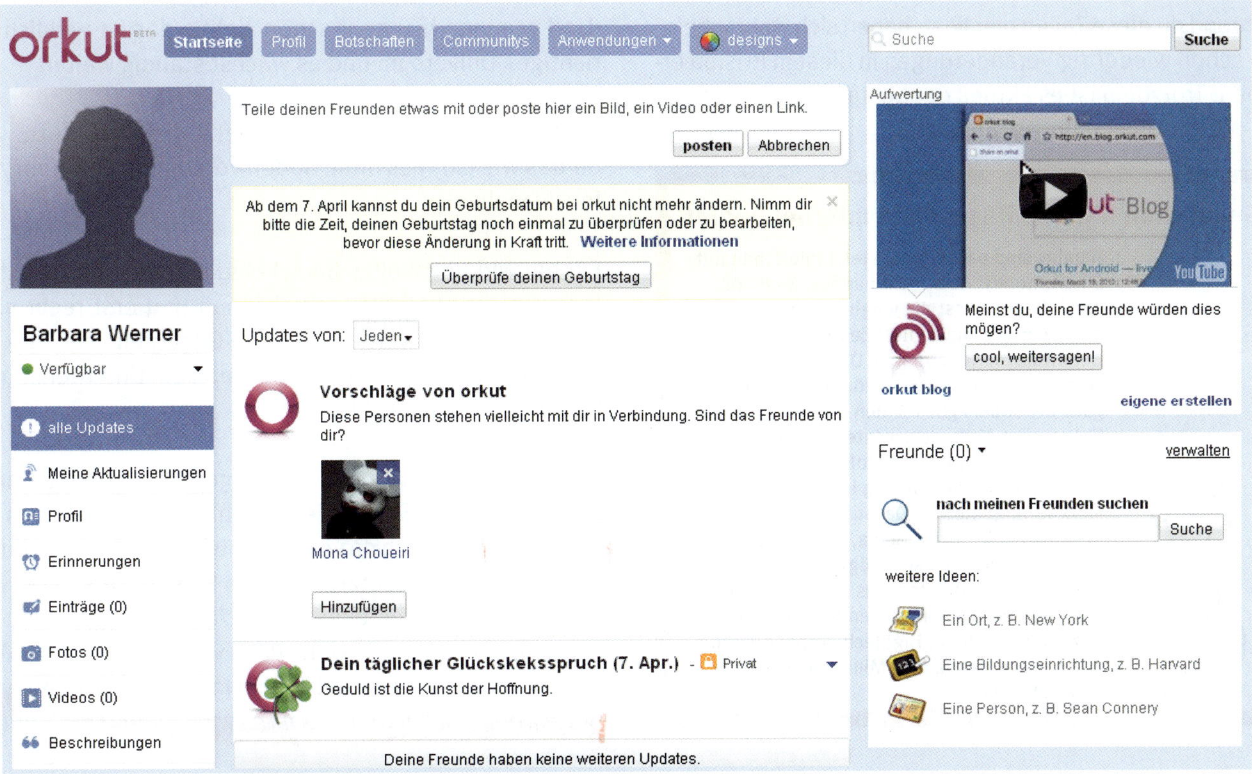

orkut BETA   Startseite   Profil   Botschaften   Communitys   Anwendungen ▼   🌐 designs ▼   🔍 Suche   Suche

Barbara Werner
● Verfügbar   ▼

🔵 alle Updates
👤 Meine Aktualisierungen
📇 Profil
🕐 Erinnerungen
📧 Einträge (0)
📷 Fotos (0)
▶️ Videos (0)
❝❝ Beschreibungen

Teile deinen Freunden etwas mit oder poste hier ein Bild, ein Video oder einen Link.

posten   Abbrechen

Ab dem 7. April kannst du dein Geburtsdatum bei orkut nicht mehr ändern. Nimm dir bitte die Zeit, deinen Geburtstag noch einmal zu überprüfen oder zu bearbeiten, bevor diese Änderung in Kraft tritt. **Weitere Informationen**   ✕

Überprüfe deinen Geburtstag

Updates von: Jeden ▼

Vorschläge von orkut
Diese Personen stehen vielleicht mit dir in Verbindung. Sind das Freunde von dir?

Mona Choueiri

Hinzufügen

Dein täglicher Glückskekspruch (7. Apr.) - 🔒 Privat   ▼
Geduld ist die Kunst der Hoffnung.

Deine Freunde haben keine weiteren Updates.

Aufwertung

[Blog / Orkut for Android – live / You Tube]

Meinst du, deine Freunde würden dies mögen?

cool, weitersagen!

orkut blog   eigene erstellen

Freunde (0) ▼   verwalten

🔍 **nach meinen Freunden suchen**
                                  Suche

weitere Ideen:

🗺️ Ein Ort, z. B. New York
🏫 Eine Bildungseinrichtung, z. B. Harvard
👤 Eine Person, z. B. Sean Connery

Trotz deutscher Benutzeroberfläche ist das Netzwerk Orkut hierzulande nicht sehr bekannt und dementsprechend für dein Social Media Marketing uninteressant – es sei denn, du hast spezielle Produkte für den indischen Markt.

Während du diese Zeilen hier liest, haben sich wahrscheinlich schon wieder zig Veränderungen in diesem Prisma ergeben. Trotzdem ist es aktuell der beste Versuch, das Social-Media-Universum abzubilden.

Generation iPhone: Das mobile Internet boomt!

Handys sind passé. Heute telefoniert man mit Smartphones. Aber nicht nur das. Man hört damit Radio, misst die Jogging-Strecke aus, beantwortet E-Mails, liest Zeitung und erhält Geburtstagserinnerungen. Die als Telefon getarnten Mini-Computer können alles. Und ganz besonders gut können sie heutzutage im Netz surfen. Verbesserte Internettechnologie, sinkende Gebühren und große Displays haben die mobile Internetnutzung in Deutschland stark vorangetrieben. Davon profitieren ganz besonders die Social Media, denn nutzergenerierte Inhalte müssen möglichst frisch und aktuell sein. Und unterwegs passiert nun einmal mehr als am heimischen Schreibtisch. In 2011 erwartet der Hightech-Verband Bitkom allein in Deutschland 10 Millionen verkaufte Smartphones.

Und wie man hier sehr schön sieht – das ist wirklich ein richtiges Universum und es wächst ständig weiter!

Ich hoffe, du klappst das Buch jetzt nicht gleich zu, weil dir das wie ein Fass ohne Boden vorkommt. Ohne vorgreifen zu wollen:

Für ein wirkungsvolles Social Media Marketing musst du längst nicht alle Netzwerke kennen und erst recht nicht überall Mitglied werden. Ganz im Gegenteil: Der Trick ist, die richtigen Netzwerke für dich und dein Unternehmen zu finden. Aber dazu später mehr.

Wenn du von Zahlen noch nicht genug bekommen hast, sieh dir mal den Social-Media-Zähler von Gary Hayes an. In Echtzeit lässt sich da verfolgen, wie viele Statusmeldungen weltweit abgesetzt, wie viele E-Mails verschickt und wie viele Neuanmeldungen in Social Networks registriert werden, aber auch wie viele iPads verkauft, wie viele Wörter gegoogelt und wie viel Zeit im Internet vertrödelt wird: *www.personalizemedia.com/garys-social-media-count.*

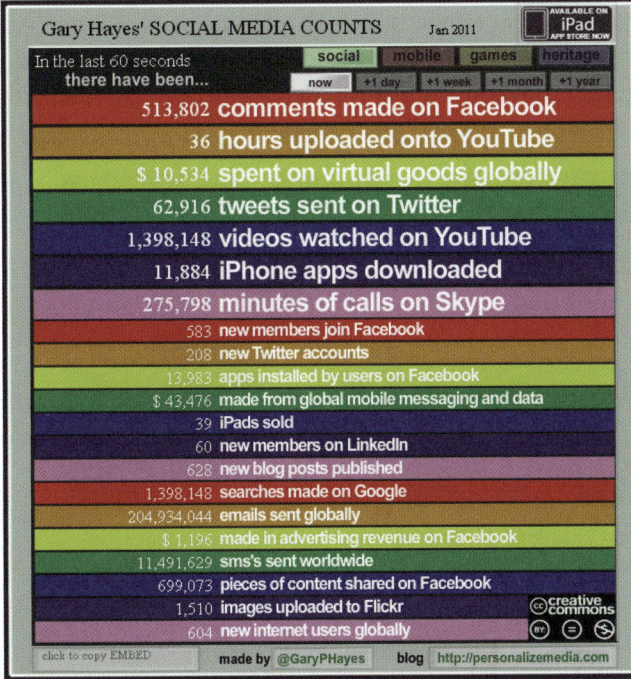

Unglaublich, aber wahr: In jeder Minute werden über 62.000 Tweets verschickt, mehr als 500.000 Kommentare auf Facebook gepostet und knapp 1,4 Millionen Videos auf YouTube angesehen. Um da wahrgenommen zu werden, musst du dir schon etwas einfallen lassen.

Zehn Zahlen, die beeindrucken

JEDE SECHSTE Ehe, die 2010 in den USA geschlossen wurde, kam über ein soziales Netzwerk zustande.

ZWEI MILLIARDEN Personensuchen wurden allein in 2010 auf LinkedIn durchgeführt.

NUMMER 3: Wäre Facebook ein Land, so wäre es das drittgrößte der Welt.

3,4 MILLIARDEN US-DOLLAR investierten Unternehmen 2010 weltweit in Social Media Marketing.

5 MILLIARDEN FOTOS gibt es aktuell allein auf Flickr. Tendenz steigend!

18 MILLIONEN LEXIKONBEITRÄGE enthält die Enzyklopädie Wikipedia.

24 STUNDEN VIDEOMATERIAL werden pro Minute auf YouTube hochgeladen.

60 MILLIONEN STATUSMELDUNGEN werden auf Facebook gepostet – pro Tag.

140 Millionen Nachrichten werden täglich über Twitter verschickt.

500 Milliarden Minuten werden jeden Monat auf Facebook verbracht.

Schöne Nachrichten: die Neuerfindung der Massenkommunikation

Social Media haben sich soweit etabliert, dass die traditionellen Massenmedien in direkter Konkurrenz dazu stehen. Die Vorteile der Onlinekommunikation liegen auch auf der Hand: Die Information ist kostenlos und überall verfügbar. Dazu kommt, dass die neuen Onlinemedien eine höhere Glaubwürdigkeit haben, da die Inhalte entweder durch die Internet-Community selbst erstellt werden oder zumindest durch Kommentare und Bewertungen ergänzt werden können. Die Information ist also nicht mehr einseitig – jeder kann sich zu aktuellen Nachrichten äußern. Außerdem veröffentlichen Journalisten, denen ihre Arbeitgeber aus den klassischen Medien zu unkritisch geworden sind, zusätzlich in unabhängigen und meinungsstarken Blogs. Viele Nutzer finden das Internet aber auch aus ganz pragmatischen Gründen besser: Man erspart sich den Weg zum

Altpapier-Container. Und dann ist da noch der Faktor Zeit. Im Internet kannst du die Nachrichten schauen, wenn du gerade Zeit und Muße hast. Nicht dann, wenn es der Fernsehsender vorschreibt.

Dank kabellosem Internet hat man immer und überall Zugang zu Nachrichten und Informationen – auch zu deinen. © Fotolia.com

Du musst bei der Erstellung von Inhalten für Social Media also auch auf den richtigen Zeitpunkt achten, um deine Zielgruppe zu erreichen.

Zeitungen, Magazine und Rundfunkanstalten sind daher dazu übergegangen, ihre Inhalte auch auf Internetplattformen zur Verfügung zu stellen.

Die Verlage stellen fast alle Artikel ins Internet oder haben eigenständige Onlineredaktionen eingerichtet. Bei den meisten Fernsehsendern kann man beliebige Sendungen zumindest einige Tage lang auf deren Website in bester Qualität und voller Länge anschauen.

Der Sender ARTE stellt viele Sendungen noch sieben Tage nach der Fernsehausstrahlung im Netz zur Verfügung.

Dadurch ist es zu einer Vermischung von neuen und alten Medien gekommen: Die Social-Media-Plattformen, speziell die Netzwerke, werden benutzt, um die Beiträge von den Internetseiten der klassischen Informationsmedien zu verbreiten und zu diskutieren. Das hast du bestimmt auch schon gemacht: Irgendwo einen interessanten Artikel entdeckt oder ein nettes Foto und – zack – schnell auf Facebook gepostet. Vielleicht sogar vorher noch mit einem lustigen Kommentar versehen ...?

»Posten«: Deutsche Adaption des englischen Verbs „to post" (deutsch absenden). Im Zusammenhang mit Social Media bedeutet es soviel wie einstellen oder veröffentlichen. Man kann es aber auch als Substantiv verwenden: Einen Blog-Beitrag oder eine Statusmeldung in einem Netzwerk bezeichnet man beispielsweise als Post oder Posting.

Außerdem sind die bewährten Nachrichtenkanäle wichtig, um Informationen aus den Social Media noch einmal zu überprüfen. Denn dadurch, dass eigentlich jeder, der weiß, wie man einen Computer anschaltet, auch im Internet veröffentlichen kann, ist die Richtigkeit der Informationen

Schon einige Male waren die sozialen Netze besser informiert als die weltweiten Nachrichtenagenturen. Als im Januar 2009 ein Flugzeug im Hudson River notlanden musste, war ein Foto davon längst auf Twitter, bevor die alten Medien nachzogen.

nicht immer gewährleistet. Bevor man um einen vermeintlich verstorbenen Hollywood-Star oder US-Präsidenten

trauert, ist es daher ratsam, das noch einmal an anderer Stelle zu überprüfen. Solche Falschmeldungen kursieren nämlich nicht nur am 1. April.

Aber auch die Redaktionen von Zeitungen und TV-Sendern nutzen die Social Media – nicht nur umgekehrt. Für die Erstellung von Meldungen, Artikeln und Nachrichten sind die Netzwerke nämlich eine wahre Fundgrube. Dabei geht es allerdings weniger um das Sammeln von Fakten oder das Überprüfen von Informationen. Viel eher helfen die neuen Medien Stimmungsbilder und Themenideen einzuholen. Oder die Journalisten suchen nach Interviewpartnern und Augenzeugen, die dann befragt werden können.

Eine aktuelle Studie der Landesanstalt für Medien in Nordrhein Westfalen hat ergeben, dass Journalisten besonders den Microblogging-Dienst Twitter bereits sehr umfangreich einsetzen. 94 % der teilnehmenden Redaktionen nutzen Twitter, um damit zu recherchieren. Fast zwei Drittel (63 %) verwenden Twitter außerdem als Tool für die mobile Echtzeit-Berichterstattung bei Sportveranstaltungen oder Preisverleihungen.

 Auch für dich eignet sich Twitter als Informationskanal. Trage im Suchfenster auf der Startseite *www.twitter.com* einfach einen Begriff ein, der dich interessiert, und schon werden dir die aktuellsten Tweets (Kurznachrichten) dazu angezeigt.

Top 5: Was ist anders durch Social Media?

1 **Sprachfähigkeit**. Kritiker sorgen sich häufig um die Entwicklung von Kindern und Jugendlichen, die elektronische Medien stark nutzen. Allerdings hat eine britische Studie schon 2009 eine Verbindung zwischen der Sprachfähigkeit und der Nutzung von Onlinemedien hergestellt. Kinder und Jugendliche, die einen eigenen Blog betreiben und regelmäßig Textnachrichten verschicken, stufen ihre eigenen Schreibkünste höher ein als Gleichaltrige.

2 **Freizeit & Arbeit**. Früher war alles anders: Da arbeitete man noch von neun bis fünf. Die Abende und Wochenenden waren Familie und Freunden vorbehalten. Mit dem Aufkommen der Social Media verschwimmen die Grenzen zwischen Arbeit und Freizeit. Im Job ist man dank Facebook & Co. mit den Liebsten verbunden, dafür beginnt der Feierabend erst dann, wenn das Smartphone ausgeschaltet wird. Bis dahin liest man noch auf der Bettkante E-Mails oder hält einen Job-Plausch mit den Kollegen.

3 **Dating**. Das Internet ist die erste Anlaufstelle für Singles geworden. Große Portale haben sich auf Partnerver-

Die moderne Kontaktanzeige schaltet man auf Dating-Portalen. Nach eigenen Angaben des Unternehmens finden bei der Kontaktbörse Parship 38 Prozent der Premium-Mitglieder einen neuen Partner.

mittlung spezialisiert und bieten die Möglichkeit, ganz gezielt nach dem idealen Begleiter fürs Leben zu suchen.

Kandidaten, die trotz ausgefeilter Filterfunktionen nicht durchs Raster fallen, kann man in Netzwerken oder Personensuchmaschinen aufspüren. Beim ersten Treffen weiß man dann unter Umständen schon mehr, als einem lieb ist. Von wegen Blind Date ...

4 Wissen. Wissen war in vergangenen Jahrhunderten einer Elite vorbehalten. Mit dem Buchdruck und der Alphabetisierung änderte sich das rapide. Das Internet hat den Zugang zum Wissen noch einmal auf den Kopf gestellt.

Durch Blogs und Suchmaschinen ist sogar ausgesprochenes Expertenwissen für jedermann kostenlos zugänglich. Und jeder kann zu seinem Spezialgebiet etwas veröffentlichen.

Die Online-Enzyklopädie Wikipedia ist heute das umfangreichste Nachschlagewerk der Welt und kann in puncto Qualität mit den traditionellen Lexika gut mithalten. Wissen *war* Macht!

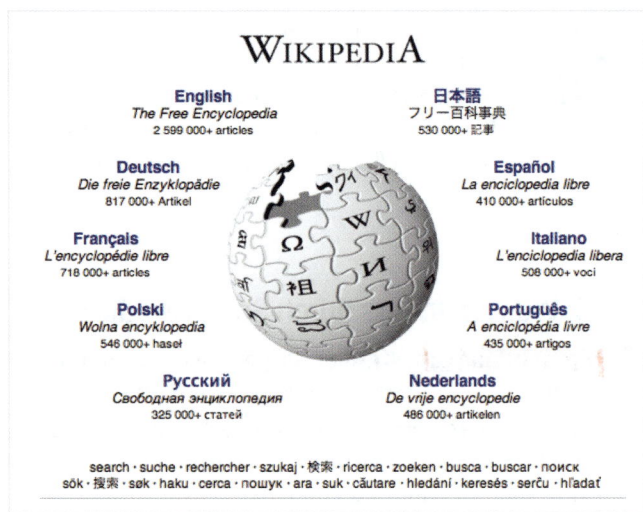

Wissen 2.0 Die Online-Enzyklopädie Wikipedia wird ausschließlich von Nutzern erstellt. Die deutsche Ausgabe umfasst mehr als 1,2 Millionen Artikel.

5 Politik. Iran, Tunesien, Ägypten, Jemen, Libyen. Alle hatten mit Aufständen zu kämpfen, die teilweise zum Regierungswechsel führten. Social Networks spielten bei der Mobilisierung der Bevölkerung eine große Rolle.

Aber auch im Westen hat sich einiges verändert. Viele Blogs sind ausgesprochen politisch, und in Netzwerken organisieren sich Protestgruppen.

Der ehemalige britische Premier Brown stellte sogar offiziell fest, dass Außenpolitik im Internetzeitalter nicht mehr die Angelegenheit einer kleinen Elite sein dürfe. Siehe da, über Politik spricht man wieder.

Marketing-Investitionen in Social Media 2009 - 2014

Last, not least ist eine Verlagerung bei den Marketingbudgets kleiner und großer Unternehmen zu beobachten. Ein wachsender Teil des zunehmenden Onlinemarketing-Budgets wird in den nächsten Jahren ins Social Media Marketing investiert.

Warum Social Media Marketing?

Ich geb's jetzt einfach mal zu: Eigentlich bin ich ganz gern faul. Wenn es für etwas eine praktische Lösung gibt, bin ich dabei. Darum graut es mir vor jeder Anschaffung. Stundenlang müsste ich da eigentlich recherchieren. Erst einmal das richtige Produkt finden, schließlich gibt es alles in zigfacher Ausführung. Als Nächstes muss dann das günstigste Schnäppchen aufgetan, Lieferbedingungen und Versandkosten verglichen werden. Und zu guter Letzt sollte der Anbieter dann auch noch möglichst vertrauenswürdig sein. Damit kann man sich durchaus einige Abende um die Ohren schlagen.

Seit zwei Jahren spare ich mir das. Wenn ich etwas brauche, egal ob Hotel, Flachbildfernseher oder Geschenke für Oma, ich frag einfach meine Freunde. Und – hallo! – seit ich bei Facebook angemeldet bin, hab ich so viele Freunde wie nie zuvor. 238 an der Zahl!

Wer hätte das gedacht? Ob ich meine Facebook-Freunde auch im wahren Leben mit diesem Prädikat versehen hätte, das kann ich dir nicht sagen. Aber „Freunde" hört sich schon geschmeidiger an als „bestätigte Kontakte". Also bleibe ich dabei. Jedenfalls sind mir meine Buddies auf Facebook und Twitter schon sehr behilflich gewesen. Einfach mal in die Runde gefragt und innerhalb kürzester Zeit kommen Empfehlungen für gute und günstige Produkte, die genau meinen Geschmack und Bedarf treffen.

Das ist ein bisschen wie mit dem Zusatzjoker bei „Wer wird Millionär": Egal wie abwegig die Frage ist, da weiß auch immer irgendjemand, wie sich Pantoffeltierchen vermehren oder was das Verkehrszeichen Nummer 206 ist.

Der Kurznachrichtendienst Twitter wird auch liebevoll Twoogle genannt. Weil er genauso schnell Antworten liefert wie die Suchmaschine Google. Und weil ich meine Twitter-Freunde besser kenne als Herrn Google, mache ich mir das gern zunutze.

Die Rückkehr der Tupperparty

Was heute unter dem schicken Begriff Social Media Marketing läuft, ist eigentlich nichts anderes als die gute, al-

te Mundpropaganda. Auch als es noch keine Netzwerke, Blogs und Foren gab, war doch nichts vertrauenswürdiger als ein Tipp von Freunden, Nachbarn oder Kollegen. Da konnten die Werbeprospekte noch so bunt und schön sein.

In den 50er-Jahren war es die Tupperparty, heute haben sich Empfehlungen ins Internet verlegt. Kunden informieren sich vor dem Kauf online. In einer aktuellen Studie wurde das Internet mit einem Indexwert von 52 als das einflussreichste Medium in Deutschland bewertet. Damit war der Wert mehr als doppelt so groß wie der des zweitplatzierten Mediums Fernsehen.

Es ist aber auch so praktisch: Früher musstest du noch von Geschäft zu Geschäft ziehen, um Preise zu vergleichen. Das machen heute ganz bequem Preissuchmaschinen für dich, aber eben auch für deine Kunden. Wer zu den teureren Anbietern gehört, sollte wenigstens mit guten Bewertungen in entsprechenden Portalen punkten können, ansonsten sieht es schwarz aus mit den schwarzen Zahlen. Die Informationen, die für Produkte und Dienstleistungen zur Verfügung stehen, sind viel umfassender, aber auch persönlicher, als es noch vor wenigen Jahren der Fall war. Preise sind transparent, Nutzer teilen ihre Erfahrungen miteinander und Unternehmen sind ansprechbarer geworden. Die Social Media haben dazu geführt, dass der Anspruch an Information enorm gestiegen ist.

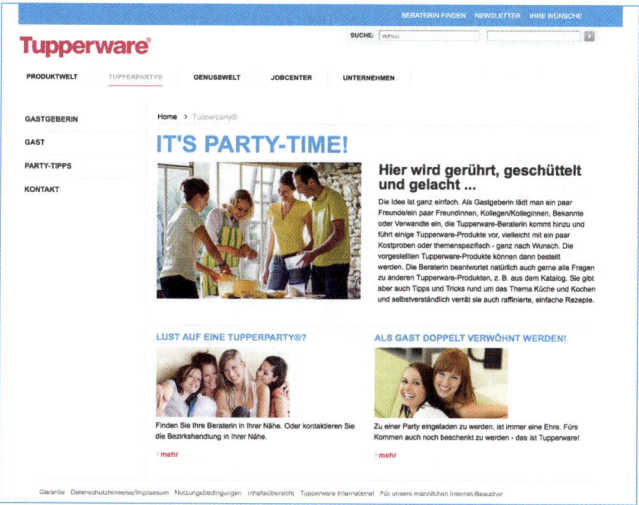

Das Party-Prinzip funktioniert: Auch heute noch finden jährlich über zehn Millionen Tupperpartys statt.

Ich kann mich an Zeiten erinnern, da habe ich Pensionen gebucht, von denen ich lediglich die Telefonnummer und Adresse kannte. So was machen doch heute nur noch An-

fänger! Ich möchte Fotos sehen, mit Google Street View virtuell durch den Ort laufen, Bewertungen von mindestens 15 anderen Gästen lesen und möglichst noch ein sympathisches Video auf YouTube finden.

»Google Street View«: Ein Zusatzdienst des Suchmaschinenanbieters Google. Unter der URL *maps.google.com* kannst du nicht nur Karten- & Satellitenmaterial nutzen, sondern auch 360°-Panoramafotos aufrufen. Über die Fotos entstehen ganze Straßenzüge, die du virtuell entlang spazieren kannst. Zum Deutschland-Start in 2009 sorgte der Dienst für eine große Datenschutzdebatte.

Für eine Hotelbuchung zum Telefonhörer greifen? Das mache ich sowieso nicht mehr. Stattdessen startet meine Suche normalerweise bei Google und endet mit einer Onlinebuchung per Kreditkarte. Während ich in dem Hotel bin, poste ich Kommentare über Sauberkeit, Ausblick und den Härtegrad des Frühstückseis in meinen Netzwerken. Wenn es für das Hotel gut läuft, reihe ich mich dann in die Riege der redefreudigen Gäste ein und schreibe eine kleine Bewertung auf den entsprechenden Portalen. Oder wenn jemand nach einem hübschen Hotel bei Facebook fragt, empfehle ich es – so wie man mir Smartphones auf Twitter ans Herz legt.

Ob ich nun aus Faulheit blind ein Telefon kaufe, dass mir einer meiner Twitter-Kollegen empfohlen hat oder selber in die Social Media-Maschinerie einsteige, klar ist, dass hier Kaufentscheidungen beeinflusst werden. Und zwar mit soviel Einfluss, wie in kaum einem anderen Medium. Denn ich habe nicht nur eine Quelle, sondern gleich ganz viele: Ich kann Social Networks nutzen, Blogs und Foren. Kommentare und Bewertungen lesen. Ich habe Text, Bild, Video und Meinungen. Noch viel wichtiger aber ist: Die Nutzer, die echte Fotos einstellen und nicht auf Hochglanz polierte Katalogbilder, sind Leute wie ich. Entweder kenne ich sie sogar selber, weil sie meine „Freunde" sind oder sie sind zumindest auch Konsumenten.

Die Glaubwürdigkeit persönlicher Empfehlungen ist um ein Vielfaches höher als die konven-tioneller Werbebotschaften in Broschüren, Anzeigen oder TV-Spots!

Das sehe nicht nur ich so: 90 % der Konsumenten sagen, dass sie Empfehlungen von Freunden vertrauen. 70 % orientieren sich außerdem an Empfehlungen von Fremden, über die sie im Internetnet stolpern.

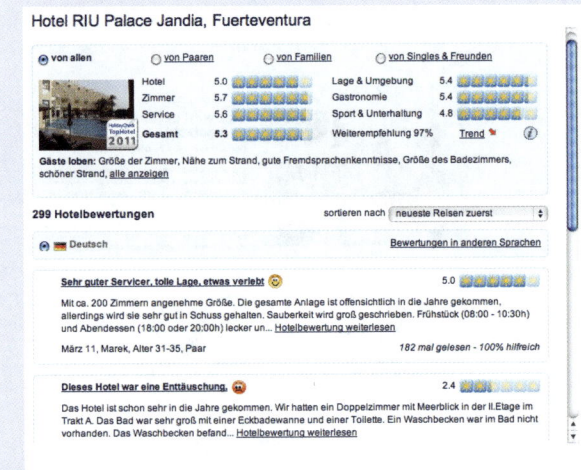

Können 299 Menschen irren? Bei einer Weiterempfehlungsrate von 97 % auf holidaycheck.de bucht man mit gutem Gewissen. Auch wenn vereinzelte, enttäuschte Stimmen darunter sind.

Social Media als Marketinginstrument

Soweit aus der Perspektive der Käuferin. Wo kommt denn nun das Unternehmen ins Spiel? Bisher wurde im Marketing meistens einseitig kommuniziert: Das werbetreibende Unternehmen entwickelte eine Botschaft und hämmerte sie über möglichst viele Kanäle potenziellen Kunden ein. Heute tönt es aber aus vollen Rohren zurück! Die digitale Unterhaltung über Produkte und Services wird tagtäglich millionenfach im Internet geführt. Die Informationen, die hier ausgetauscht werden, sind nicht mehr unter der Kontrolle der Unternehmen.

Stattdessen sind die Kunden diejenigen, die Empfehlungen und Meinungen in die Welt posaunen. Und Millionen hören zu, um sie dann wieder weiterzuleiten. Die immense Reichweite der Social-Media-Plattformen kommt nämlich noch als weiterer Faktor zu der hohen Glaubwürdigkeit hinzu.

Allein auf Facebook sind in Deutschland fast 20 Millionen Mitglieder registriert, also etwa jeder vierte Bundesbürger. Von denen loggen sich 50 % täglich in das Netzwerk ein. Das sind also rund 10 Millionen. Keine deutsche Ta-

Der teuerste Platz für einen Werbespot ist übrigens die TV-Übertragung des amerikanischen Superbowls. Bei einem Schaltpreis von rund drei Millionen US-$ für 30 Sekunden Sendezeit sind die Produktionskosten vermutlich noch das kleinere Problem.

Auch bundesweite Tageszeitungen können, was die Leserschaft angeht, schon lange nicht mehr mit dem Internet mithalten.

geszeitung kann auch nur annähernd diese Reichweite bieten. Selbst die Bild-Zeitung, tragischerweise Deutschlands größte Tageszeitung, kann da mit einer Auflage von 2,9 Millionen Exemplaren nicht mithalten. Solche Zahlen sind höchstens im Fernsehen möglich: Bei einem Tatort schalten schon mal 10 Millionen ein. Blöd nur, dass ARD und ZDF nach 20 Uhr keine Werbung mehr schalten – allerdings ist sogenanntes Sponsoring gestattet, wobei vor und nach einer Produktion wie dem aktuellen Sportstudio eine kurze Sequenz eines Unternehmens platziert wird („Diese Sendung wird Ihnen präsentiert von ...").

Bei der kommerziellen Konkurrenz wäre das Schalten von Werbung nach 20:00 Uhr zwar kein Problem, und immerhin schauen bei einer Ausstrahlung von „Deutschland sucht den Superstar" auch gut sieben Millionen Menschen zu, aber wer kann sich das schon leisten? Für einen 30 Sekunden langen Werbespot legst du bei quotenreichen Sendungen bis zu 100.000 Euro auf den Tisch. Eine Facebook-Seite dagegen kostet dein Unternehmen nichts, außer Zeit!

Hohe Reichweite, hohe Glaubwürdigkeit

Diese hohe und gleichzeitig günstige Reichweite von Social Media können Unternehmen nutzen, um ganz klassische

Werbeziele zu erreichen, zum Beispiel um das Unternehmen und seine Produkte bekannt zu machen, das eigene Image zu verbessern und/oder Kompetenz zu beweisen – Markenaufbau oder Branding nennen das die Marketing-Experten. Solche Ziele können speziell kleinere Unternehmen oder Selbstständige mit geringen Budgets ansonsten mit konventionellen Mitteln nicht erreichen.

»Reichweite«: Anzahl der Personen, die über ein Werbemedium erreicht werden. Bei einer Zeitung muss das nicht unbedingt die Auflage sein, da eine Ausgabe in einem Haushalt häufig von mehreren Personen gelesen wird. Es handelt sich eher um die Gesamtzahl der potenziellen Kontakte, die das Werbemedium mit der Zielgruppe erreichen kann. Die BILD hat zum Beispiel eine Reichweite von 12,53 Millionen Lesern (MA 2011/I) bei rund 2,9 verkauften Exemplaren.

Spezielle Dienstleister profitieren außerdem davon, dass die Barrieren für eine Kontaktaufnahme in den Social Media sehr viel niedriger und Entscheider leichter zu erreichen sind. Zur Verdeutlichung: Ein Werbebrief von einem Personaltrainer an die Geschäftsführung einer Firma landet in den meisten Fällen in der Ablage M – wie Müll. Wenn überhaupt, denn der Gesetzgeber hat dem Direktmarketing enge Grenzen gezogen: Du darfst nicht einfach anmailen, anrufen oder anschreiben, wen du möchtest. Eine Nachricht über das Karriereportal XING geht dagegen meistens direkt in das aktive Postfach des Adressaten.

Im Web 2.0 sind Hierarchien ausgehebelt: Geschäftsführer twittern aus dem Zug, und sogar dem amerikanischen Präsidenten könnte ich über die Kommentarfunktion meine Meinung sagen. Kleine Unternehmen und Selbstständige können das Prinzip nutzen, um gezielt Entscheider zu erreichen.

---

facebook

Suche 🔍

Barack Obama
PolitikerIn

Pinnwand

Barack Obama
In the coming days, supporters like you will begin forging a new organization that we'll build together in cities and towns across the country. And I'll need you to help shape our plan as we create a campaign that's farther reaching, more focused, and more innovative than anything we've built before.

It Begins with Us
www.youtube.com
Supporters around the country share what the 2012 campaign means to them.

▶️ vor 14 Minuten · Gefällt mir · Kommentieren · Teilen

👍 2.231 Personen gefällt das.

💬 Alle 320 Kommentare anzeigen

Schreibe einen Kommentar ...

💬 Pinnwand
🔲 Info
Are You In?
◇ OFA Store
Fotos (81)
📹 Video

Info
This page is run by Obama for America, President Obama's 2012 campaign. To...
Mehr

18.982.239
Personen gefällt das

Gefällt mir   Alle anzeigen

Beim Social Media Marketing geht es für dich also darum, aktiv in die Konversation in den Social-Media-Plattformen einzusteigen und direkt mit Entscheidern oder Kunden zu sprechen. Außerdem hast du als Unternehmer nur so die Chance, wieder ein wenig die Kontrolle zurückzubekommen über das, was auch ohne dein Zutun über dich und deine Produkte, Dienstleitungen und Angebote geredet wird.

Zehn gute Gründe für Social Media Marketing

1 **König Kunde auf der Spur**. Speziell kleine Unternehmen leben oft von regelmäßigen Auftraggebern und haben einen begrenzten Kundenstamm. Kundenkontakte zu pflegen, ist daher eine der wichtigsten Aufgaben im Unternehmensalltag. Aber natürlich ebenso, neue Kunden hinzuzugewinnen. Stell dir vor, du schreibst einen interessanten und vielleicht dabei noch etwas unterhaltsamen Artikel, den du auf deiner Website veröffentlichst.

Einem deiner Kunden gefällt der Beitrag so gut, dass er einen Link dazu in seinem XING-Profil postet. Das sehen dann alle Kontakte deines Kunden, und das können bei einem aktiven XING-Mitglied leicht einige Hundert sein!

Damit wirst du oder dein Unternehmen potenziellen neuen Kunden vorgestellt, und das sogar auf eine sehr positive Art und Weise. Du hast also gleich zwei Fliegen mit einer Klappe geschlagen: Kundenpflege und Akquise.

2 **Schmaler Geldbeutel ganz groß**. Gerade Selbstständige und kleine Unternehmen haben einfach nicht das Budget für große Kampagnen. Auch die meisten Plattformen und Netzwerke, die ich hier vorstelle, kosten dich nichts außer Zeit und Kreativität. Bei manchen bietet sich vielleicht ein kostenpflichtiges Premium-Konto an. Auch über die eine oder andere Investition in Software lässt sich nachdenken. Nichtsdestotrotz ist Social Media viel günstiger als klassisches Marketing.

3 **Von wegen Kinderkram**. Ein Klischee, das sich lange gehalten hat, ist, Social Media sei etwas für Kinder und Jugendliche. Dabei haben bereits Anfang 2010 Studien ganz andere Ergebnisse hervorgebracht. In fast allen Netzwerken sind die 35- bis 44-jährigen die stärkste Altersgruppe. Der Durchschnittsnutzer auf Facebook und Twitter liegt bei 38–39 Jahren. Im internationalen Businessnetzwerk LinkedIn lag das Durchschnittsalter sogar bei 44 Jahren. Hier triffst du also Entscheider, keine Teenies.

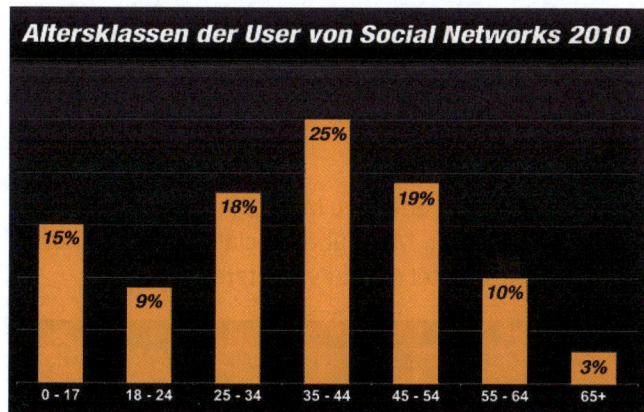

Altersklassen der User von Social Networks 2010

- 0 - 17: 15%
- 18 - 24: 9%
- 25 - 34: 18%
- 35 - 44: 25%
- 45 - 54: 19%
- 55 - 64: 10%
- 65+: 3%

4 **Das Schneeball-Prinzip**. Menschen, die Social Media nutzen, sind aktiv. Auch das beweisen Zahlen: Facebook-Mitglieder produzieren monatlich im Schnitt 90 Statusmeldungen, Fotos, Kommentare, Videos oder sonstige Beiträge. Täglich werden weltweit 20 Millionen Anwendungen installiert.

Auf Flickr fügen die Mitglieder pro Minute 3.000 Bilder hinzu. Du kannst also interessante und interessierte Leute für dein Unternehmen gewinnen, die deine eigenen Inhalte womöglich an andere aktive Konsumenten weiterleiten.

5 **Kritik ist Gold wert**. Nie war es einfacher, direkt mit deinen bestehenden oder potenziellen Kunden in Kontakt zu treten. Davon lässt sich auch eine Menge lernen. Im Namen deines Unternehmens kannst du einen Dialog herstellen, anstatt einfach nur zu erzählen, wie toll du, dein Produkt oder deine Dienstleistung ist. Du kannst erfahren, was deinen Kunden fehlt, sie interessiert oder ärgert. Das, was du im direkten Austausch mit deiner Zielgruppe über deine Dienstleistung oder dein Produkt erfährst, kannst du wieder nutzen, um dein Angebot zu optimieren oder zu erweitern.

6 **Eindruck schinden, aber richtig**. Die Zeiten, in denen Unternehmen geredet und Verbraucher zugehört haben, sind vorbei. Die Kommunikation im Social Media Marketing ist beidseitig, und das ist gut so. Denn durch den Austausch, also das gegenseitige Zuhören, Mitteilen und Antworten, ist die Kommunikation intensiver. Der Eindruck, den du bei deiner Zielgruppe hinterlassen kannst, ist dadurch auch viel nachhaltiger als mit dem Flyer, den du in 2.000 Briefkästen wirfst.

7 **Dem Trend auf der Spur**. Wer nicht immer am Puls der Zeit ist, wird schnell von der Konkurrenz abgehängt. Dabei ist es dank Social Media so einfach geworden, herauszufinden, wohin der Trend geht. Für fast alles gibt es Foren und Blogs, in denen sich branchenspezifisch ausgetauscht wird.

Sogar der Blick über die eigenen Landesgrenzen hinaus ist per Klick möglich. Lass dich inspirieren oder diskutier deine eigenen Ideen mit potenziellen Kunden oder Experten aus deiner Branche.

8 Zahlen lügen nicht.
Trotz der großen Reichweite bieten Social-Media-Plattformen Werbetreibenden einen wichtigen Vorteil: Transparenz! Du kannst nicht nur so gezielt nach deiner

Effektive Werbung oder doch nur Abdeckmaterial für die anstehende Renovierung? Werbeprospekte im Briefkasten landen zu 90 % direkt im Müll.

Zielgruppe suchen wie sonst nirgendwo, sondern auch den Erfolg deiner Aktivitäten hervorragend messen. Klickraten, Fan-Zahlen, Facebook-Likes – fast alles ist über Tools nachvollziehbar.

Dadurch kannst du effektive Maßnahmen viel besser und schneller erkennen. Mehr über Social Media Monitoring erfährst du in Kapitel 6. „Der vernetzte Alltag".

Klassische Werbung war bisher eine recht einseitige Angelegenheit. Jetzt reden die Kunden mit.

9 **Menschen reden mit Menschen**. Werbung muss verkaufen. Eine Website muss seriös sein. Im klassischen Marketing gibt es viele solcher Regeln. Das Schöne an Social Media ist, dass sie das Feld noch mal von hinten aufrollen.

Unternehmen können menschlich sein und persönlich kommunizieren. Dadurch hast du die Chance, ansprechbar zu sein und einen eigenen, unverwechselbaren Stil zu entwickeln. Persönlich und dabei professionell zu sein, ist zum Glück kein Problem mehr.

10 **Social Media sind Massenmedien**. Social Media sind mittlerweile einfach zu etablieren, als dass Unternehmen diese neuen Onlinemedien ignorieren könnten. Das haben einige eindrucksvolle Zahlen bereits gezeigt.

Die Konversation findet also statt, egal ob es dir gefällt oder nicht. Als Unternehmer, Selbstständiger oder Freiberufler solltest du nicht einfach nur zuschauen bzw. zuhören, sondern dich aktiv an der Unterhaltung beteiligen und dich auf diesem Weg positiv ins Gespräch bringen. Ansonsten tun es nämlich die anderen.

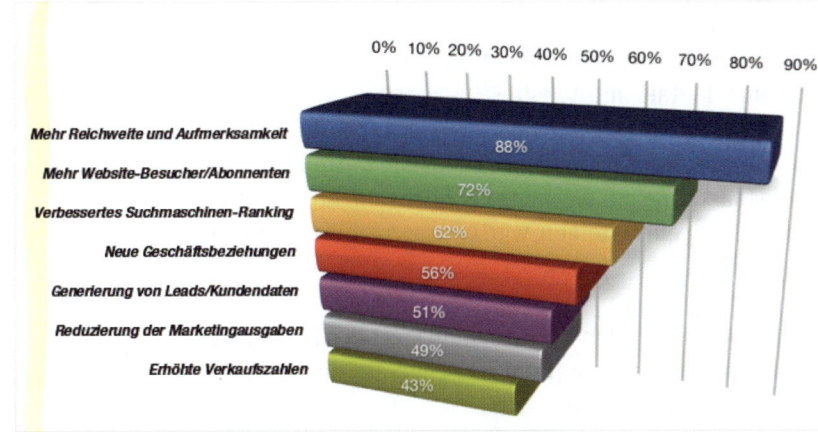

Reichweite, mehr Website-Besucher und ein verbessertes Suchmaschinen-Ranking – das sind die größten Vorteile, die Unternehmen im Social Media Marketing sehen. Quelle: Michael A. Stelzner, 2011 Social Media Marketing Industry Report.

So funktioniert Social Media Marketing – nicht

Erfolgreiches Social Media Marketing ist keine Hexerei. Trotzdem geht der Schuss oft genug nach hinten los. Mal bleiben die Fans aus oder es hagelt Kritik. Wenn sich dann nicht gleich der Erfolg einstellt, schlafen die Social-Media-Versuche von Unternehmen schnell wieder ein. Aus dem, was einmal für Interaktion und Austausch sorgen sollte, wird eine digitale Info-Wüste.

Ein Grundproblem ist meistens, dass die Betreiber Social Media Marketing mit Werbung verwechseln. Anstatt in die Unterhaltung einzusteigen, wird wieder nur hinausposaunt wie eh und je.

Ein Werbelink jagt den nächsten und statt des Fotos eines Ansprechpartners prangt nur das Logo auf dem entsprechenden Profil, möglichst groß.

Dahinter steckt meistens der Gedanke, dass Werbung eben Umsatz bringen muss. Verkaufen, verkaufen, verkaufen! Und genauso lesen sich dann auch die Beiträge. Es geht immer nur um die eigene Firma, den neuen Service, das tolle Produkt. Mach das besser nicht!

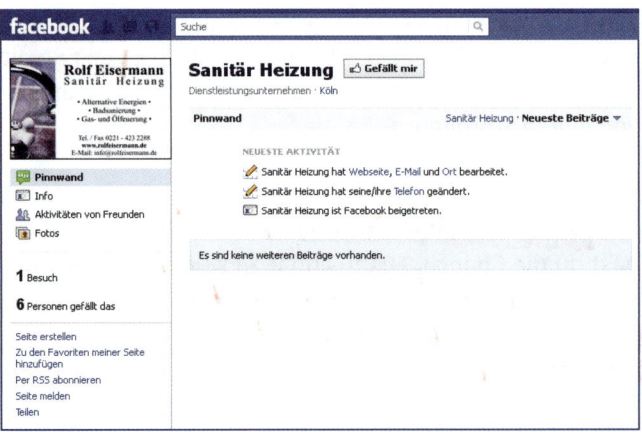

Eine Facebook-Fanseite ist schnell eingerichtet. Doch danach werden viele Seiten von Handwerksbetrieben, Dienstleistern und Kleinunternehmen nicht mehr gepflegt – keine Kommunikation, kein funktionierendes Social Media Marketing.

Anstatt immer nur über dich und dein Unternehmen nachzudenken, versuche es genau anders herum: Denke an die Leute, die deine Information erhalten. Was kannst du Nützliches, Sympathisches, Interessantes, Unterhaltsames oder Neues in die Konversation einbringen.

Erst einmal völlig uneigennützig und ohne Umsatzzahlen im Kopf. Denn wenn du es schaffst, eine funktionierende Social-Media-Präsenz aufzubauen, wird sich dein Einsatz ganz von allein auszahlen. Dafür musst du aber bereit sein, etwas zu investieren: den sogenannten Mehrwert.

Zum Glück hat das nichts mit der gleichnamigen Steuer zu tun. Es geht viel mehr darum, deinen Fans, Freunden, Kontakten oder Besuchern einen triftigen Grund zu geben, eine Verbindung zu deinem Unternehmensprofil herzustellen. Wenn du nichts anderes zu bieten hast, als – sagen wir – das, was auf deiner Visitenkarte steht, dann wird es schwierig werden.

Ohne Mehrwert keine Freunde

Mehrwert kann vieles sein: Am einfachsten sind natürlich Angebote. Rabatte, Gutscheine und Sonderposten, mit denen sich Geld sparen lässt, sind hervorragender Content für deine Social-Media-Kanäle. Aber es muss nicht immer gleich etwas verschenkt werden.

Du kannst auch Mehrwert schaffen, indem du Information bietest, die deine Kunden vielleicht woanders bezahlen müssten. Besonders Dienstleister mit einem Beratungs-

Im Fokus des OBI-Heimwerker-Blogs steht die handwerkliche Kreativität der Nutzer selbst: Diese werden aufgerufen, ihre besten Ideen zum Selbermachen hochzuladen sowie andere Vorschläge zu bewerten und zu kommentieren.

schwerpunkt können in den Netzwerken Expertenwissen beweisen. Du könntest Fachartikel in Form eines Blogs veröffentlichen, die deinen Kunden praktische Tipps geben.

Das gilt auch für Freiberufler oder Handwerksbetriebe. Schreiner, Designer oder Friseure wissen eine Menge nützlicher Dinge. Du sicherlich auch, sonst würde es dein Un-

ternehmen ja längst nicht mehr geben! Ein paar kostenlose Appetithäppchen oder Insider-Tipps werden dich nicht gleich arbeitslos machen. Ganz im Gegenteil Du beweist Kompetenz und zeigst dich als versierter Gesprächsteilnehmer. Wer deine Dienstleistung braucht, wird sich dann viel eher an dich wenden. Hier greift nämlich wieder das Prinzip des Teilens, du erinnerst dich?

Heimwerker-Videos auf YouTube: Mehrwert durch kostenloses Know-How. Anleitungen für die Erstellung von Onlinevideos findest du zum Beispiel auf www.experto.de.

Der Mehrwert kann aber auch dadurch entstehen, dass dein Unternehmen durch die Social Media einfach anders ansprechbar ist. Nämlich direkt und persönlich, nicht erst nach schriftlicher Genehmigung. Damit werden Barrieren aus dem Weg geräumt.

Wer mit dir sprechen möchte, kann das im Internet tun. Ganz unkompliziert. Trotzdem muss natürlich nicht immer jeder Beitrag eine Spitzeninformation oder den Superrabatt enthalten. Es kommt auf eine gute Mischung an. Wie du den passenden Content-Cocktail für dein Unternehmen entwickelst, erfährst du noch etwas genauer in Kapitel 5.

Die fünf größten Erfolgskiller

1 Keine Zeit. Social Media Marketing kann man nicht „so nebenbei" betreiben. Wer denkt, mit ein paar Minütchen am Tag sei das Thema erledigt, ist auf dem falschen Dampfer. Wenn du dich entscheidest, Social Media Marketing für dein Unternehmen zu nutzen, musst du dafür Ressourcen schaffen. Denn Blogs und Statusmeldungen müssen geschrieben, Fotos nicht nur geschossen, sondern auch bearbeitet, hochgeladen und kommentiert werden.

Auch die Beobachtung und Auswertung deiner Aktivitäten ist wichtig. All das kostet Zeit! Je nachdem wie viele Portale und Netzwerke dein Unternehmen nutzen möchte, kann der Aufwand sehr unterschiedlich ausfallen.

Auch Art und Frequenz deiner Beiträge erfordern unterschiedlich viel Produktionszeit. Mehr zum richtigen Zeitmanagement findest du in Kapitel 5.

2 Keine Lust. Es gibt eine sehr simple Wahrheit: Wir sind gut in dem, was uns Spaß macht. Nur wenn Verkäufer zum Überzeugungstäter werden, machen sie ihren Job richtig gut. In den Social Media gilt das ganz besonders. Wer hier mitmischt, sollte sich schon drauf einlassen. Unternehmen, die sich nur mal kurz einloggen, fix posten und direkt wieder abzischen, sind ziemlich schnell entlarvt. Spätestens dann, wenn Nachrichten von Kontakten unbeantwortet bleiben.

Es ist wichtig, präsent zu sein. Die verschiedenen Plattformen und Netzwerke sind zum Teil kleine Universen, die ganz eigenen Regeln folgen. Das werden wir in Kapitel 4 noch genauer unter die Lupe nehmen. Sei offen für neue Kontakte und eine andere Art der Kommunikation. Wie gesagt, etwas Neugierde kann nicht schaden. Sollte sich dann herausstellen, dass du keinen Spaß an einem bestimmten Netzwerk entwickeln kannst, dann gib nicht

Egal ob du selber in die Tasten hauen möchtest oder es lieber einem Mitarbeiter überlässt, wer auch immer sich um Twitter & Co. kümmert, muss dafür ein entsprechendes Kontingent an Arbeitszeit zur Verfügung haben. Eine Stunde am Tag solltest du auf jeden Fall dafür einplanen.

gleich auf. Manchen Leuten liegen eher die Mini-Nachrichten auf Twitter, andere sind Facebook-Jünger. Vielleicht bist du eher ein Blogger oder Video-Typ. Finde heraus, was zu dir und deiner Branche passt. Mit etwas Kreativität lässt sich sicher der Dreh zu deinem Unternehmen herstellen.

3 **Keine Ideen**. Im Internet regiert König Content. Wer gute Inhalte in die Social Media einspielt, braucht sich um den Rest eigentlich nicht mehr zu kümmern. Denn Witziges und Spannendes verbreitet sich wirklich fast von allein.

Nun gut, besonders als kleines Unternehmen hat man nicht unbedingt von vorneherein die Reichweite, um Klicks und Weiterleitungen en masse zu bewirken. Aber mit guten Ideen kann man schon recht weit kommen.

Bei Twitter beispielsweise werden die besten Nachrichten über einen Algorithmus automatisch zu den Top Tweets gesetzt, wo sie von Tausenden täglich gelesen werden. Da erscheinen oft genug Tweets von ganz normalen Twitter-Mitgliedern.

Die Top Tweets auf der Twitter Homepage: Wer hier landet (und das kannst du auch schaffen!), kann sich über Tausende kostenlose Klicks freuen.

»Tweet«: Eine – im Normalfall – öffentliche Textnachricht, die über den Kurznachrichtendienst Twitter verschickt wird. Die Länge ist auf 140 Zeichen begrenzt. Tweets kann man beantworten, weiterleiten oder kommentieren.

Und nur über guten Content schaffst du es, den wichtigen Mehrwert zu schaffen. Hier lohnt es sich also, noch etwas Grips in den Ring zu werfen – und Kapitel 5 zu lesen!

4 **Kein Interesse**. Social Media sind soziale Medien. Das hat nichts mit Wohltätigkeit zu tun, sondern mit Gemeinschaft. Es kommt nämlich von dem lateinischen Wort *socius* und das bedeutet *gemeinsam* oder *verbunden*. Wer sich in einer Gemeinschaft bewegt, sollte sich auch für die anderen interessieren. Das gehört im wahren Leben zum guten Ton und ist in den digitalen Medien nicht anders. Niemand möchte nur eine anonyme Zahl sein oder als Umsatzpotenzial behandelt werden.

Das Miteinander kannst du praktizieren, indem du eben nicht nur mit Links und Werbebotschaften um dich wirfst, sondern auch Fragen stellst und zuhörst. Wenn auf dich jemand mit einer Frage zukommt, solltest du, soweit es dir möglich ist, auch antworten. Natürlich kannst du nicht immer die richtige Antwort parat haben, aber vielleicht weißt du, wo man sie findet. Das ist ja auch hilfreich.

Versuche, deine Kommunikation offen zu gestalten und lade andere ein, sich zu beteiligen. Partizipation ist ein ganz wichtiger Faktor im Social Media Marketing.

5 **Keine Glaubwürdigkeit**. Zu guter Letzt präsentiere ich dir die Todsünde: Wer im Social Media Marketing nicht authentisch ist, ist bei den Nutzern schnell unten durch. Authentisch, also echt, zu sein, ist nicht ganz so einfach, wenn es um Unternehmenskommunikation geht.

Gemeint ist auch viel eher eine gute Mischung aus Offenheit, Transparenz und Dialogbereitschaft. Versuche nicht, etwas zu sein, was du nicht bist, sondern überlege dir, wofür dein Unternehmen steht. Mit welchen Kompetenzen und Fähigkeiten kannst du punkten? Warum ist dein Produkt besser als das der Konkurrenz? Entdecke die Identität für dein Unternehmen und **präsentiere** dich entsprechend in den sozialen Netzwerken.

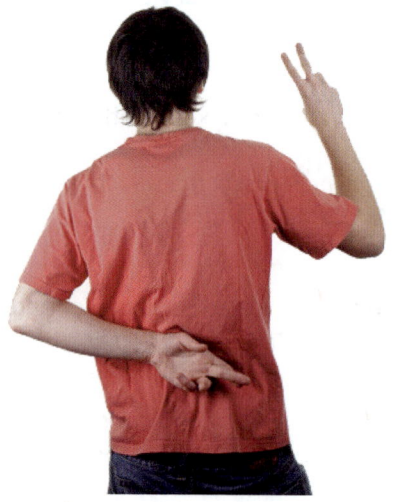

Wer Social Media nutzen möchte, sollte nicht zu viel heiße Luft, unpassende oder falsche Aussagen verbreiten. Im Internet wird man schnell entlarvt ...

Die **Inhalte,** die du präsentierst, müssen zu deinem Unternehmen **passen.** Das gilt auch für die **Sprache,** in der du deine Beiträge verfasst. Ein Traditionshaus für Backwaren kann nicht plötzlich in der Jugendsprache daher kommen. Wenn die Bäckerei aber Netzwerke nutzen möchte, um zukünftige Azubis anzusprechen, dann machen Beiträge in einem etwas lockeren Ton sicher Sinn. Wenn dann noch die derzeitigen Azubis selber Inhalte für das Profil beisteuern, wird ein Schuh daraus Die Social-Media-Kampagne vom Traditionshaus ist in diesem Zusammenhang authentisch. Es kommt also auf das **Unternehmen** an, aber auch auf die **Gesprächssituation** und die **Adressaten.**

Geschäftsführer Thomas Hutter (eConsulting) ließ im April 2010 darüber abstimmen, welche Ansprache auf der Facebook-Fanseite gewünscht wird: DU oder SIE?!

3. Das Herzstück: die eigene Webpräsenz

Gerade ging es noch um all die Millionen von Menschen da draußen, Postings im Sekundentakt und die weltweite Unterhaltung. Internetnutzer sagen dazu auch gern *Noise*, das englische Wort für Lärm. Stell dir also vor, wir machen einfach die Tür zu. Laut und kräftig – der ganze Lärm bleibt erst mal draußen. In diesem Kapitel wird es nämlich still. Die Leute da draußen im World Wide Web sind uns erst einmal egal. Stattdessen kümmern wir uns nur um uns selber. Warum wir das tun? Weil Social Media Marketing eigentlich relativ sinnlos ist, ohne eine eigene Webpräsenz zu haben. Was nützen dir all diese Profile und Beiträge, wenn sie nicht zu einer offiziellen Firmenpräsenz führen?

Deine Aktivitäten, die du im Rahmen von Social Media Marketing unternimmst, sind kleine, individuelle Bruchstücke, die sich wie Puzzleteile zu einem Bild zusammen fügen. Wenn du aber keine eigene Website hast, fehlt das wichtigste und größte Stück in diesem Puzzle.

Das Social-Media-Puzzle: Auf deiner Website laufen die Fäden des Social Media Marketing zusammen.

Gute Gründe für eine eigene Website

Stell dir vor, jemand liest ein paar kluge Kommentare von dir in Foren. Eine Google-Suche führt dann vielleicht noch zu deiner Facebook-Fanseite. Da gibt es dann auch noch einige lesenswerte Beiträge von dir. Aber woher sollen Interessenten nun wissen, was genau dein Angebotsspektrum ist? Welche Erfahrungen dein Unternehmen in bestimmten Bereichen hat? Wie man dich erreichen kann? Besser funktioniert es, wenn du aus Netzwerken heraus auch immer mal auf deine Website verlinkst.

Deine Dialogpartner aus den Social Media finden dann nicht nur die Inhalte, die sie interessieren, sondern können sich auf deiner Website auch über dein Unternehmen informieren. Und selbst wenn deine Beiträge nicht auf deine Website verlinken, spätestens eine Anfrage bei den Suchmaschinen würde deine Website zu Tage fördern.

Ein potenzieller Kunde muss sicherlich zunächst einmal auf dich aufmerksam werden. Dann solltest du möglichst kompetent und ansprechbar wirken. Dafür sind Social-Media-Präsenzen hervorragend. Aber dann braucht dein Kunde Fakten, um sich ein vollständiges Bild von deinem Unternehmen zu machen.

Social Media können zwar dazu beitragen, deine Kompetenzen zu betonen und deinen Bekanntheitsgrad zu steigern. Trotzdem entstehen dadurch erst einmal nur Eindrücke, die durch seriöse, sachliche und relevante Informationen bestätigt werden müssen. Die Heimat dafür ist heutzutage die Website.

So neu ist das Prinzip eigentlich nicht. Früher hatte man für diesen Zweck eine Unternehmensbroschüre. Die konnte man bei Geschäftsessen oder auf Messen überreichen. Das Problem daran war, dass es ziemlich teuer war, so etwas drucken zu lassen. Dann musste man davon immer

gleich einige Tausend produzieren und wenn sich dann im Unternehmen etwas verändert hat, konnte man gleich eine neue Version in Auftrag geben. Obwohl dank Digitaldruck solche Druckssachen deutlich im Preis gesunken sind, machen sie gerade für kleine Firmen oder Selbstständige wenig Sinn.

Mit einem sogenannten Content-Management-System, kannst du deine Website so leicht erstellen und verändern, wie du das Datum auf einer Rechnung anpasst.

»Content-Management-System« (CMS): Ein System für die Erstellung, Bearbeitung und Organisation von Inhalten für deine Website. Auch ohne Programmierkenntnisse kann man damit Inhalte, den sogenannten Content, bearbeiten, formatieren und im Internet veröffentlichen. Der größte Vorteil eines Content-Management-Systems: Du musst dich nicht um Design, Layout und Technik kümmern. Wenn das CMS einmal läuft, kannst du dich ganz auf die Inhalte konzentrieren.

Darauf ein Bitburger: Nicht nur die Traditionsbrauerei aus der Eifel nutzt das Content-Management-System (CMS) TYPO3 für seinen Internet-Auftritt. Auch zahlreiche andere kleine und mittelständische Unternehmen wie METABO (Werkzeuge), KAGO (Öfen), BRITA (Wasserfilter) oder HÜLSTA (Möbel) setzen auf TYPO3.

Auch wegen der immer noch nicht unwesentlichen Druckkosten, aber vor allem, weil du als kleines Unternehmen viel schneller und flexibler auf Veränderungen am Markt reagieren musst. Große Unternehmen sind viel behäbiger,

kleine ändern sich und ihr Angebotsspektrum ständig. Dafür sind die Möglichkeiten des Internets optimal!

Egal, ob dein Unternehmen aus einer einzigen Person oder einem Dutzend besteht: Eine Website solltest du auf alle Fälle haben, bevor du mit Social Media Marketing durchstartest.

Die größten Bedenken will ich direkt und ein für alle Mal ausräumen

1 Es ist kinderleicht, eine kleine, aber moderne Website zu erstellen.

2 Mit etwas Geduld und Spucke kann das jeder in relativ kurzer Zeit selber machen – auch du!

In einem CMS wie web to date 8.0 kannst du Texte genauso komfortabel formatieren und direkt im Webdesign editieren, wie du es aus deiner Textverarbeitungssoftware gewohnt bist.

Trotzdem gibt es immer noch viele Firmen in Deutschland, die keine eigene Website haben: Jedes 5. Unternehmen um genau zu sein. Das hat eine Studie des Hightech-Verbands Bitkom ergeben, die erst Ende 2010 auf Basis aktueller Daten der europäischen Statistikbehörde Eurostat erhoben wurde.

Die Situation hat sich seit 2005 kaum verändert. Damals waren 73 % der deutschen Unternehmen mit einer Website ausgestattet, heute sind es 80 %. Insbesondere kleine Unternehmen und Handwerksbetriebe verschenken (noch) das Potenzial, das ein professioneller Internetauftritt bietet.

Die zehn größten Ausreden gegen eine neue Website

... und warum sie nichts sind als faule Ausreden!

1 Eine Website ist zu teuer.

Es kommt natürlich darauf an, was du möchtest. Wenn du eine High-End-Website mit allem Zick und Zack haben möchtest, kannst du dafür einige Tausender auf den Tisch legen. Aber wer braucht das schon? Gerade kleine Unternehmen brauchen keinen großen Webauftritt, um professionell zu sein. Im Social-Media-Zeitalter sind Inhalte wieder deutlich aufgewertet worden. Technische Spielereien wie Animationen und abgedrehte Benutzerführungen sind längst out.

Es geht wieder um gute Informationen und klare Struktur in einer modernen Website. Und das kannst du auch ohne teure externe Programmierer, Agenturen und/oder Designer schaffen. Dann kostet dich deine Website vor allem Zeit, etwas Kreativität und um die 100,- Euro fürs erste Jahr. Im Verlauf dieses Kapitels erfährst du noch genau, wie und wo das geht!

2 Meine Firma ist zu klein.

Keine Firma ist zu klein für eine Website. Selbst wenn deine Firma nur aus dir selber und deinem Laptop besteht, hat sie eine Website verdient. Ich kenne Leute, die haben Websites für ihre Silberhochzeit eingerichtet oder für ihren Hund.

Eine Website gehört heutzutage zur Grundausstattung wie die Steuernummer. Da sagt das Finanzamt ja auch nicht „Sie sind zu klein, um Steuern zu bezahlen." Also, bitte!

3 **Mein Unternehmen hat nichts mit Technik zu tun.**

Das Internet ist längst der Kommunikationsstandard in den Industrienationen geworden. Mit einem IT- oder Technik-Schwerpunkt hat das nichts mehr zu tun. Ein Internetauftritt bietet Unternehmen aus allen Branchen Wachstumspotenzial und Entwicklungsmöglichkeiten. Viele Handelsunternehmen beispielsweise nutzen das Internet, um Kundenanfragen entgegenzunehmen oder zu beantworten. Selbst Bauernhöfe sind mit Websites vertreten. Du stellst ja auch nicht dein Telefon ab, nur weil du kein Callcenter betreibst.

Von wegen IT-Branche: Selbst als Bauernhof geht es heute nicht mehr ohne Website.

4 **Eine Website lohnt sich für mich nicht.**

Nun ja, eigentlich kannst du das schlecht sagen, wenn du es noch nicht ausprobiert hast. Denn solange es keine Website gibt, kann sie dir ja auch keine Vorteile bringen. Sobald du eine Website hast, wirst du sehen, wie praktisch das ist.

Wenn sich beispielsweise bei einem Branchentreffen neue Geschäftskontakte ergeben, kannst du einfach auf deine Website verweisen. Deine Gesprächspartner können sich dann bequem am nächsten Tag über dein Unternehmen informieren. Das ist professionell.

Und sieh es mal so: Bei dem geringen Aufwand, den eine kleine Website erfordert, brauchst du nur einen einzigen Auftrag darüber zu bekommen, und schon hat sich die Website rentiert.

5 **Mein Unternehmen ist lokal begrenzt.**

Super! Dann ist das Internet für dich die erste Adresse. Das Internet heißt zwar immer noch World Wide Web (also weltweites Netz), aber speziell in den letzten Jahren war einer der größten Trends Lokalität! Suche doch mal bei Google nach einem Elektriker – du bekommst mittlerweile automatisch Ergebnisse in deiner Nähe.

Bewertungsportale und soziale Netzwerke haben regionale Strukturen entwickelt. Und wenn zusätzlich noch jemand aus dem Nachbarland auf deiner Website landet, kann das ja auch nicht schaden. Man weiß ja nie ...

 Wenn dein Unternehmen bei der lokalen Google-Suche angezeigt werden soll, musst du dich einfach bei Google Places anmelden, was dich nichts kostet und mit wenigen Klicks erledigt ist. Hilfe für den optimalen Eintrag deines Unternehmens findest du hier: http://www.google.com/support/places.

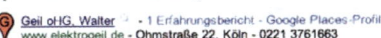

Lokale Suche bei Google. Kartenmaterial und Telefonnummer werden praktischerweise gleich mitgeliefert.

6 **Ich habe schon seit Jahren eine kleine Website.**

Falls du bereits eine Website hast, deren Besuch aber eher einer Reise in die Vergangenheit ähnelt, darfst du dich getrost in die Kategorie „Unternehmen ohne Website" einreihen. Vermutlich hast du deine Website im Millenium-Enthusiasmus erstellen lassen. Das war damals auch sehr vorbildlich. Mittlerweile sind aber gut zehn Jahre vergangen. Und eine Dekade ist für Internettechnologie ungefähr genauso viel wie 200 Millionen Jahre für die Entstehung der Steinkohle. Wenn du eine sogenannte hart codierte Website hast, kannst du ohne Programmierkenntnisse nicht eigenständig Inhalte bearbeiten wie mit einem Content-Management-System. Ohne die Möglichkeit, Content selbstständig einzustellen und anzupassen, macht deine bestehende Website für Social Media Marketing aber wenig Sinn. Es ist daher an der Zeit, aufzurüsten!

7 **Wir werben sehr erfolgreich über klassische Medien.**
Das ist gut: Mach weiter so! Aber wie du siehst, bietet dir Social Media Marketing zusätzlich noch einige andere Chancen, die du nicht verpassen solltest. Außerdem hast du nun schon dieses Buch gekauft. Mitgehangen, mitgefangen!

8 **Ich kann nicht programmieren.**
In aller Deutlichkeit: Mit Content-Management-Systemen musst du nicht viel mehr können, als dir auch eine stinknormale Textverarbeitungssoftware abverlangt. Für die Erstellung deiner Website sind ein wenig Gefühl für Design und grundsätzliche Internet-Anwenderkenntnisse vorteilhaft. Die sogenannten CMS-Baukästen, die ich dir ab Seite 64 genauer vorstelle, bieten schon fast fertige Seiten an,

die du nur noch ein wenig individualisieren musst. Ganz ohne Programmierkenntnisse, und Spaß macht es auch noch.

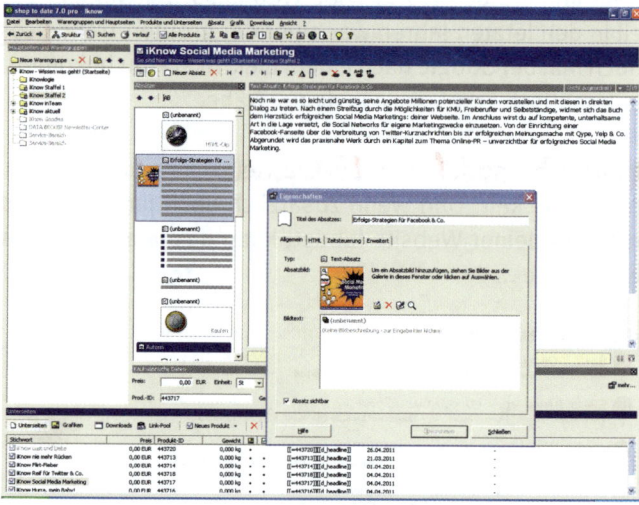

Content-Management-Systeme wie web to date sind in der Regel intuitiv ohne HTML-Kenntnisse bedienbar. Du kannst Bilder, Texte, Videos, Tabellen u. v. m. mit Leichtigkeit hinzufügen, aktualisieren und veröffentlichen.

9 **Ich habe keine Zeit für die Pflege der Website.**
Auf das Thema Zeit stößt man im Zusammenhang mit Social Media Marketing immer wieder. Zugegeben: Es erfor-

dert Zeit und Grips, sich immer wieder gute Inhalte für die Website oder die Social-Media-Plattformen zu überlegen. Der einzige Weg damit zurecht zu kommen, besteht darin, diese Zeit als lohnenswerte Investition in das Unternehmen zu verstehen. Jedes Unternehmen erfordert Investitionen auf die eine oder andere Weise.

Vielleicht hast du bisher in Drucksachen investiert oder in Anzeigen in den Gelben Seiten. Fährst du manchmal auf Messen oder Kongresse? All das sind Marketingmaßnahmen, die auch eine Investition sind. Am Anfang mögen manche Dinge noch etwas länger dauern. Aber mit der Zeit kommt die Routine und dann geht auch die Website-Pflege leichter und schneller von der Hand.

Außerdem kannst du mit einem vernünftigen Monitoring (Überwachung) deine Ergebnisse im Internet ganz genau überprüfen und feststellen, was sich davon für dich lohnt. Das ist bei anderen Werbeaktivitäten nicht unbedingt der Fall. Beim Social Media Monitoring geht es in erster Linie darum, zu erfahren, wer sich wann, wo und wie über dein Unternehmen geäußert hat.

Monitoring: die besten kostenlosen Tools

Informationen und Meinungen über deine Firma und deine Produkte werden in Blogs, Foren, Communitys, Newslettern und Bewertungsportalen veröffentlicht. Sie müssen mit geeigneten Mitteln gefunden und ausgewertet werden. Zum Start reichen Gratis-Dienste:

Socialmention
Dieses Tool zeigt, wo ein bestimmter Begriff in Facebook, Twitter, YouTube & Co. vorkommt. Dazu kommen Statistiken zur Stimmung der Beiträge zu Top Keywords und zu Usern.

Addictomatic
Dieses Tool liefert ebenfalls Ergebnisse aus Twitter, WordPress-Blogs, YouTube u.v.m.

Kurrently
Diese Suchmaschine durchforstet speziell Facebook und Twitter.

Boardreader
Diese Suchmaschine liefert nur Treffer aus Foren und Communitys.

Twitter Search
Twitter als Echtzeitmedium bietet schnelle und sehr umfangreiche Resultate.

Google Alerts
Auch Google bietet Ergebnisse zu bestimmten Suchbegriffen aus News, Blogs, Web, Diskussionen und Videos, die man sich per Mail zusenden lassen kann.

Das eröffnet dir die Chance, zeitnah und angemessen darauf zu reagieren. Im Social Web gibst du zwangsläufig einen Teil der Kontrolle ab – mit einem guten Monitoring holst du dir einen Teil davon wieder zurück.

Das Monitoring solltest du mit Aufnahme deiner Social-Media-Aktivitäten beginnen.

Die meisten Monitoring-Dienste können (hier über Social Media Alert) so eingestellt werden, dass du beim Auftauchen eines neuen Beitrags automatisch informiert wirst.

10 **Ich trau mir das selber nicht zu.**

iKnow Social Media Marketing ist kein Motivationsbuch und ich werde dir auch nicht im Stil von Barack Obama „Yes you can!" entgegen brüllen. Aber ich wiederhole mich gern und versichere dir, dass CMS-Baukästen so einfach sind, dass du es tatsächlich selber hinbekommen kannst, eine schicke, kleine Website für dich oder dein Unternehmen zu basteln. Und bevor du es dir anders überlegst, legen wir lieber gleich los!

Ich baue mir eine Website ...

Zu einer professionellen Website gehört einiges: Sie soll gut aussehen, Informationen bieten, muss aber vor allen Dingen auch funktionieren. Dein Ansatz sollte sein, den Besuchern deiner Website möglichst gut strukturierte Inhalte zu bieten, nach denen sie gesucht haben. Wenn du darüber hinaus noch mehr Content bieten kannst, der den berühmten Mehrwert aus Kapitel 2 schafft – umso besser.

Für kleine Unternehmen ist es aber erst einmal am wichtigsten, sich auf die Selbstdarstellung zu konzentrieren. Deine Produktpalette oder dein Dienstleistungsspektrum sollte vollständig und verständlich vorgestellt werden. Im Optimalfall weckst du mit deinem Internetauftritt Neugier oder Interesse an der Leistung deines Unternehmens, sodass sich neue Kundenkontakte darüber ergeben. Präsentiere deine Produkte also möglichst in einem guten Licht, ohne etwas zu behaupten, was du nicht bist. Ein völlig übertriebenes Portfolio ist ziemlich schnell entlarvt. Trotzdem hat jedes Unternehmen eigene Stärken und Erfahrungen. Die gilt es herauszuarbeiten und auf der Website zu betonen.

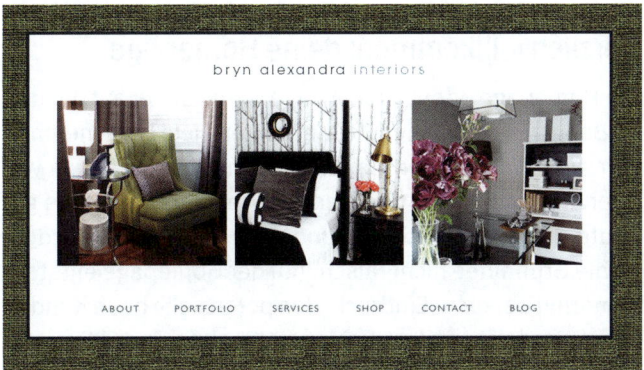

Kleines Unternehmen ganz groß. Mit wenigen wichtigen Inhalten und schönen Abbildungen lässt sich schon viel machen.

Wenn dein Unternehmen aus mehreren Leuten besteht, setzt euch zusammen und überlegt gemeinsam, was ihr richtig gut könnt. Was hebt euch von der Konkurrenz ab? Habt ihr vielleicht eine spannende Gründungsgeschichte? Oder einen besonderen Bezug zu eurem Standort? Auch wenn dein Unternehmen nur aus dir selber besteht, lohnt es sich, für ein kleines Brainstorming Freunde, Kollegen oder Kunden mit ins Boot zu holen. Frag andere, die deine Arbeit kennen, was sie an deiner Arbeitsweise schätzen. Finde heraus, was dein Alleinstellungsmerkmal ist.

»Alleinstellungsmerkmal« (USP): Ein besonderes, unverwechselbares Leistungsmerkmal eines Unternehmens, einer Marke oder eines Produkts, durch das es sich von der Konkurrenz abgrenzt. Im Marketing benutzt man auch häufig den englischen Begriff Unique Selling Proposition (USP). Diese Eigenschaft trägt zur Wiedererkennung bei und stellt für die Kunden einen Vorteil dar.

Hast du erst einmal ein klares Bild von deinem Unternehmen, kannst du anfangen, für deine Website Inhalte festzulegen. Prinzipiell ist alles möglich, solange es zu deinem

Unternehmen und natürlich auch zu deinen Kunden passt. Das fängt schon mit der Ansprache an. In einigen Branchen wird mittlerweile schnell geduzt. In solchen Geschäftsfeldern kann man auch ruhig in Jeans und Turnschuhen zum Meeting auftauchen. Die E-Mail-Adressen haben meistens nur den Vornamen eines Mitarbeiters vor dem @. In anderen Zweigen kommt man ohne Anzug und Krawatte nicht gut an, und Geschäftspartner werden klassisch mit „Sie" angesprochen. Diese Gepflogenheiten aus dem realen Berufsalltag sollte deine Website widerspiegeln. Du willst ja online genauso wenig anecken, wie im wahren Geschäftsleben.

Gleiches gilt im Grunde auch für das, was du auf deiner Website präsentierst. In kreativen Arbeitsbereichen kann man mit ausgefallenen Ideen und überraschenden Inhalten überzeugen. In Berufszweigen, in denen es um sensible Lebensbereiche wie Gesundheit oder Finanzen geht, spielen Vertrauen und Seriosität im Internetauftritt eine größere Rolle. Trotzdem musst du aber nicht immer alles genauso machen wie der Rest der Schafherde. Wenn du eine gute Idee für deine Website hast, die vielleicht etwas ungewöhnlich ist, kannst du auch in konservativen Branchen punkten. Achte aber immer darauf, dass die Umsetzung zu dir und deinem Unternehmen passt und die Besucher deiner Website positiv überrascht, nicht abschreckt oder überfordert.

Abgesehen von unternehmensspezifischen Themen und Informationen gibt es einige Standards für professionelle Firmen-Websites, die sich bewährt und durchgesetzt haben. Viele Internetnutzer werden diese Inhalte auf deiner Seite erwarten, daher solltest du sie in der einen oder anderen Form berücksichtigen und unterbringen.

Herzlich willkommen: deine Homepage

Die Homepage oder Landing Page ist die Seite, auf der deine Benutzer ankommen. Früher hatten viele Unternehmen hier eine Willkommensseite. Da standen dann Sätze wie „Herzlich willkommen auf meiner Website". So etwas gilt heute eher als altmodisch und wird belächelt. Trotzdem ist die Grundidee nicht falsch. Auf der Homepage entsteht immerhin der erste Eindruck, den potenzielle neue Kunden von dir und deinem Unternehmen erhalten. Du solltest daher schon versuchen, die Seite so zu gestalten, dass sich deine Besucher willkommen fühlen – ohne, dass du extra „Herzlich willkommen" schreiben musst.

Stell dir vor, du betrittst ein Geschäft. Dann schaust du dich kurz um und möchtest möglichst schnell erfassen, was das Geschäft anbietet. Durch die Einrichtung und das Personal entsteht eine gewisse Verkaufsatmosphäre. Ausstattung und Anordnung der Produkte verraten vermutlich auch schon etwas über das Preisniveau und die Qualitätsstandards. Innerhalb weniger Sekunden fühlst du dich am richtigen Ort – oder eben nicht. Genau das passiert auch, wenn jemand auf deine Website kommt. Versuche also, die Website als eine Art Entree zu begreifen. Du stehst als Repräsentant in der Tür, mit einem Cappuccino in der Hand und bittest den Besucher freundlich herein.

Du solltest Besuchern deiner Website möglichst schon auf der Homepage einen positiven Gesamteindruck vermitteln und es Ihnen ermöglichen, mit einem Blick zu erfassen

Reifendienste
Interpneu
Reifenerneuerungstechnik
Pneuhage Management
Vermögensverwaltung
Jobs

[Reifendienste] [Interpneu] [Reifenerneuerungstechnik]
[Pneuhage Management] [Vermögensverwaltung] [Jobs]

Impressum © 2009 Pneuhage Management GmbH & Co. KG   Kontakt: webmaster

Eine Homepage ohne richtige Inhalte lädt nicht zum Verweilen bzw. Weiterklicken ein und ist einfach nicht mehr zeitgemäß.

Der erste Eindruck zählt! Das gilt für die Website genauso wie fürs Ladenlokal.

 Fasse dich auf deiner Homepage kurz. Generell werden Texte auf Webseiten anders gelesen als Zeitungen oder Bücher. Oft überfliegen Internetnutzer nur die Texte und bleiben eher an Stichworten hängen. Auf der Homepage reicht den Besuchern ein Text mit 150 Wörtern oft schon aus.

fassen, wer du (bzw. dein Unternehmen) bist und was du anbietest. Wichtig ist auch ein klarer Hinweis darauf, wo man klicken muss, um weitere Informationen zu erhalten. Am besten erstellst du dafür einen Text, der das Wichtigste zusammenfasst: Was macht das Unternehmen? Wieso tut es das? Was sind die Ziele und Aufgaben?

Bei der Erstellung von Texten für das Internet spielen auch die Suchkriterien der wichtigen Suchmaschinen wie Google, Bing oder Yahoo eine große Rolle. Wie du deine Text für Suchmaschinen optimieren kannst, erfährst du noch ausführlich ab Seite 105.

Leistungen: Zeig, was du drauf hast!

Das Unternehmensangebot ist das Kernstück deiner Website. Hier geht es darum, die eigenen Produkte oder Dienstleistungen zu präsentieren. Je nachdem, was du anbietest, kannst du hier auch mit Bildern oder Videos arbeiten. Wenn du konkrete Produkte verkaufst, zeige auf jeden Fall Fotos.

Als Dienstleister sind gute Texte das A und O, die den Nutzen deines Serviceangebots herausstellen. Fotos kannst du zwar auch verwenden, aber eher als Beiwerk, damit die Website nicht zu textlastig wird.

 Vielleicht fällt dir sogar ein Slogan ein, also eine Art Überschrift, die dein Unternehmen in wenigen Worten charakterisiert. Mit einem knackigen Slogan bleibst du deinen Website-Besuchern besser im Gedächtnis und gleichzeitig hast du für dich selber, eine Leitlinie entwickelt.

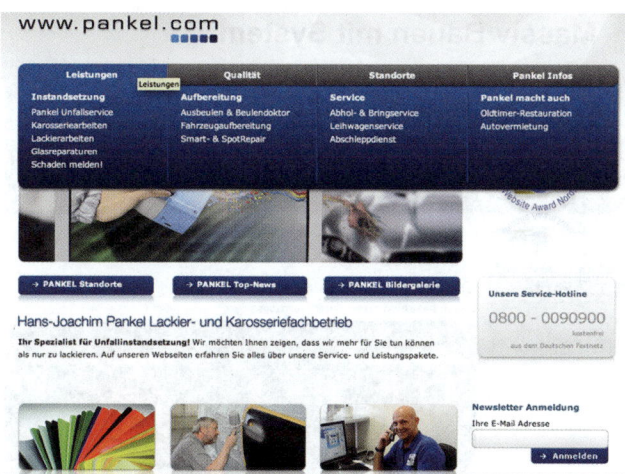

Ein vielseitiges Leistungsspektrum wie es zum Beispiel dieser Lackier- und Karosseriefachbetrieb anbietet, strukturierst du am besten mit Unterseiten.

Was auch immer dein Unternehmen verkauft, es ist wichtig, dass die Leistung klar, übersichtlich und vollständig dargestellt wird. Die Kompetenzen deines Unternehmens sollten sich daraus sinnvoll ergeben, ohne dass du mit Superlativen und unglaubwürdigen Beteuerungen um dich wirfst. Es geht darum, deine Schokoladenseite zu zeigen, nicht frei erfundene Superhelden-Firmen zu kreieren.

Über uns: Erzähle uns von dir!

Auf der *Über uns*-Seite hast du die Chance, zu deinen Besuchern eine Bindung aufzubauen. Besucher, die eher zufällig auf die Website kommen, werden danach vermutlich nicht schauen. Potenzielle Kunden werden sich aber sicherlich sehr dafür interessieren, wer oder was hinter dem Unternehmen steckt. In diesem Bereich kannst du beispielsweise die Firmengeschichte erzählen, das Team vorstellen oder kleine und große Erfolgsstorys aus dem Geschäftsalltag präsentieren.

 Natürlich musst du die Seite nicht unbedingt *Über uns* nennen. Manche Firmen nennen den Bereich auch schlicht *Das Unternehmen* oder *Profil*. Da sind deiner Kreativität keine Grenzen gesetzt, solange klar ist, was sich hinter dem Menüpunkt verbirgt.

Vielleicht hast du ja sogar mal eine Auszeichnung oder einen Förderpreis erhalten? Dann ist die *Über uns*-Seite der richtige Ort dafür. Denn solche Informationen unterfüttern die reine Unternehmens- oder Produktpräsentation mit Fakten, die Vertrauen und Glaubwürdigkeit schaffen. Außerdem hat dein Unternehmen damit die Chance, der Website eine persönliche Note zu geben und sich von Wettbewerbern abzusetzen.

Der Fahrradhändler Delta Bike Sports nutzt seine ÜBER UNS-Seite für einen ausführlichen Blick hinter die Kulissen.

Referenzen: Zeig, was du kannst!

Viele Unternehmen scheuen sich davor, eine Kundenliste ins Internet zu stellen, aus Sorge, dass Mitbewerber ihnen die Kunden abluchsen.

Die beste Werbung für deine Produkte, Angebote und Dienstleistungen sind auch auf der Website überzeugende Referenzen – die du am besten mit attraktiven Fotos oder Videos präsentierst.

Die Sorge ist in manchen Branchen sicherlich berechtigt, aber gerade kleine Unternehmen und Selbstständige können bei Interessenten durch gute Referenzen Vertrauen schaffen. Du musst ja nicht gleich deine gesamte Kundenkartei offenbaren, aber vielleicht kannst du eine Auswahl von Auftraggebern zeigen.

Je nachdem, was dein Unternehmen anbietet, macht es Sinn, über erfolgreiche Projekte Kompetenz zu demonstrieren. Eine kleine Event-Agentur könnte beispielsweise kurze Clips von Veranstaltungen zeigen, eine Fotografin ein Portfolio mit großformatigen Bildern.

Auf der Website eines Journalisten möchte man natürlich Artikel lesen. Wer eher in der Beratung tätig ist, kann abgeschlossene Projekte in Form von Fallbeispielen vorstellen oder PowerPoint-Präsentationen von Vorträgen.

 Bevor du die Logos von deinen Kunden verwendest oder Fallbeispiele von konkreten Projekten veröffentlichst, gib deinen Ansprechpartnern immer vorher kurz Bescheid. Man weiß ja nie ...

Aktuelles/News: Was gibt's Neues?

Ein Nachrichtenbereich mit aktuellen Meldungen aus dem Unternehmen ist mittlerweile Standard – auch auf den Websites kleinerer Unternehmen. Anfangs stellst du dir vielleicht manchmal die Frage, was du hier bloß schreiben sollst. Aber eigentlich findet sich immer etwas, worüber man eine kurze Meldung schreiben kann. Eine neue Kundin, ein weiterer Mitarbeiter, ein erfolgreich abgeschlossenes Projekt, das Sommerfest, eine Auszeichnung, neue Unternehmensräume, ein Vortrag auf einem Kongress, das 10-jährige Firmenbestehen ... in einem aktiven Arbeits-

Der Newsbereich: Hier hältst du deine Website-Besucher auf dem neusten Stand.

alltag passiert eigentlich ständig etwas, worüber es sich zu berichten lohnt. Man muss nur etwas daraus machen! Eine Meldung pro Monat reicht unter Aktuelles auch schon vollkommen aus.

Wenn du erfolgreich Social Media Marketing betreiben möchtest, wirst du sowieso regelmäßig Content erstellen müssen. Da sind die kurzen Beiträge in dem Nachrichtenbereich auf deiner Website ein guter Anfang. Und wenn du deinen 1000. Facebook-Fan hast, kannst du das dann ja auch gleich auf deiner Website kundtun.

Presse: der heiße Draht in die Medien

Ein Pressebereich macht aus zwei Gründen Sinn: Zum Einen recherchieren auch Journalisten im Internet und brauchen Interviewpartner, Fallbeispiele oder Experten für Fachartikel. Dafür ist es gut, in einem Pressebereich einige Basistexte, Fakten und Fotos für Pressemitglieder zur Verfügung zu stellen. Wenn über dein Unternehmen in der Presse bereits berichtet wurde, kannst du außerdem die Beiträge auf deiner Website sammeln. Presseberichte zeigen, dass dein Unternehmen seriös und kompetent ist. Daher solltest du mit Berichterstattung nicht hinter dem Berg halten. Ein bisschen Klappern gehört eben zum Handwerk.

Genauere Informationen, wie du Pressematerial erstellst, findest du in Kapitel 5.

Im Pressebereich gibt es spezielle Informationen für Medienvertreter. Damit erleichterst du Journalisten die positive Berichterstattung über dein Unternehmen.

Kontakt: So erreicht man dich

Letztlich geht es bei all deinen Online-Aktivitäten ja immer darum, die Besucher von deiner Leistung so zu überzeugen, dass sich Kundenkontakte ergeben. Das geht schlecht, wenn keiner weiß, wie man dich erreichen kann, oder? Am besten fügst du daher in einer Fußzeile oder in der Seitenleiste Adresse und Telefonnummer ein, sodass man nach deinen Kontaktdaten nicht suchen muss. Für Anfragen per E-Mail solltest du zusätzlich ein Formular anbieten. Die meisten Content-Management-Systeme bieten solche Kontaktformulare als fertiges Element bereits an.

So soll's sein: Adressdaten in der Fußzeile und ein vorgefertigtes Formular für den E-Mail-Kontakt.

Anfahrt & Karte: der Weg zu dir

Jetzt kommt es natürlich wieder auf dein Unternehmen an. Wenn du ein Ladenlokal oder ein Büro hast, ersparst du deinen Kunden mit einer Anfahrtsbeschreibung und einer Karte mühselige Recherchearbeit. Und schließlich geht

es uns ja darum, virtuelle Website-Besucher zu richtigen Kunden zu machen. Zum Sehen und Anfassen sozusagen. Oder besser noch Sehen und Rechnung schreiben. Dafür müssen sie ja aber erst einmal zu dir kommen. Auf deiner Website sind die Anfahrtdaten auf der *Kontakt-* oder *Über uns-*Seite gut untergebracht. Auch Routenplaner von Websites wie GMX, web.de oder Google lassen sich leicht integrieren.

Dank Anfahrtskizze ist auch das Berliner Unternehmen Hifi im Hinterhof gut zu finden.

Wer aber gar keinen direkten Kundenkontakt hat oder zumindest nicht in den eigenen, heiligen Hallen Gäste empfangen möchte, sollte besser darauf verzichten und lediglich die vollständige Adresse plus Telefon und E-Mail-Adresse angeben. Sonst entstehen noch Missverständnisse.

Impressum: ein unverzichtbares Muss!

Für dich als Betreiber einer Website ist es Pflicht, bestimmte Angaben zur schnellen Kontaktaufnahme zu veröffentlichen. Der Link zu diesem Impressum muss von jeder Seite erreichbar sein. Viele Seitenbetreiber haben sich schon

eine Abmahnung eines Wettbewerbers eingefangen, weil sie ein unzureichendes oder gar kein Impressum auf ihrer Webseite untergebracht hatten. Einige windige Geschäftemacher wittern hier zudem eine lukrative Einnahmequelle.

Stolperfalle Impressumspflicht

Ein Impressum ist eine Herkunftsangabe, die ursprünglich aus dem Presserecht stammt. Die rechtlich für den Inhalt Verantwortlichen wie beispielsweise Autor oder Herausgeber eines Mediums müssen darin genannt werden. Die Impressumspflicht hat sich aber auch für Webseiten durchgesetzt, darunter auch Onlineshops, Unternehmenswebseiten oder halbprivate Webseiten. In ein Impressum gehören Informationen wie Vor- und Nachname, vollständige Anschrift, Vertretungsberechtigte bei Gesellschaften, Angabe der Telefonnummer und E-Mail-Adresse, Umsatzsteueridentifikationsnummer etc. Wer gegen die Impressumspflicht verstößt, riskiert eine Abmahnung und ein saftiges Bußgeld!

Zum Glück gibt es praktische Impressum-Generatoren. Mit dem Fachchinesisch der Juristen musst du dich daher erst gar nicht auseinandersetzen. Das kostenlose Tool von erecht24 spuckt den fertigen Text aus und setzt sogar automatisch deine Daten ein.

Top 10: Was auf deiner Website nichts (mehr) zu suchen hat!

Besucherzähler
... gehen höchstens noch auf eBay durch! ❶

Gästebuch
... gehört in die Jugendherberge, nicht ins Netz! ❷

Hintergrundmusik
... sollte man immer abschalten können! ❸

Baustellen-Seiten
... sind selbst bei Maurern Quatsch! ❹

Blinkende Texte
... kann man nicht lesen! ❺

Schrille Farbeffekte
... machen Augen krank! ❻

Videos mit Autoplay
... sorgen eher für Schock als für Begeisterung! ❼

Unterstrichener Text
... sollte verlinkt sein (Hyperlink)! ❽

Veraltete Terminkalender
... helfen absolut niemandem! ❾

Ausgelutschte Grafiken
... wie Kuverts sind nun wirklich out! ❿

Aktuelle Top 10 online: www.iknow.de

Man mag es kaum glauben, aber solche geschmacklichen Totalausfälle findet man immer noch im Internet. Und die Betreiber meinen das durchaus ernst!

Logo: Flagge zeigen, Farbe bekennen!

Eigentlich nicht der Rede wert, aber es gibt tatsächlich Firmen, die kein Logo auf der Website haben. Freiberufler oder Selbstständige haben oft keines, dann genügt es natürlich, den Namen gut sichtbar zu platzieren. Wenn dein Unternehmen aber ein Logo hat, gehört es auf jeden

Fall auf die Website. Und zwar auf jede Seite, möglichst oben links!

Dein Firmenzeichen (Logo) platzierst du auf jeder Webseite – auch auf den Unterseiten mit deinen Leistungen und Angeboten – oben links.

Die besten CMS-Baukästen

HTML, CSS, Javascript, FTP, Server, PHP, MySQL ... puh – wenn man sich zum ersten Mal mit Website-Erstellung beschäftigt, wird man von einer Menge Fachbegriffe er-

schlagen. An Motivation und Ideen mangelt es den meisten Leuten nicht, aber die Technik schreckt doch ganz schön ab. Am besten vergisst du aber all diese Wörter gleich wieder, denn seit ein paar Jahren gibt es sogenannte CMS-Baukästen (oder auf englisch Website-Builder), mit denen sich das Kauderwelsch im Grunde erledigt hat.

CMS kennen wir ja bereits: Content-Management-Systeme für ebenso leichte wie schnelle Erstellung, Pflege und Verwaltung einer sehenswerten Internetseite nach dem Baukastenprinzip.

Die meisten CMS-Baukästen sind heutzutage webbasiert und liefern die passenden Webdesigns direkt mit. Das heißt, du musst dich nur bei einem Anbieter online registrieren und kannst dann auf fast fertige Websites zugreifen.

Vom Design über die Navigationsstruktur ist schon alles vorbereitet. Es gibt Formulare, Musikplayer, Anfahrtspläne und Elemente für die Einbindung von Fotos, Videos oder Social-Media-Profilen. Bei manchen Anbietern lassen sich sogar komplette Onlineshops bauen. Noch besser ist, dass du alles noch selber anpassen und verändern kannst. Ganz nach deinem Geschmack!

Nachteile eines webbasierten CMS-Baukastens: Wechselst du den Anbieter, musst du mit deiner Website wieder bei Null anfangen. Vielen ist zudem Unwohl bei dem Gedanken, dass die eigenen Daten zentral auf fremdgehosteten Servern liegen.

Die Website des Essener Kurierdienstes Optimaltransport wurde mit gerin-
gem Aufwand mit dem kostenlosen CMS-Baukasten JIMDO erstellt.

CMS-Webdesigns: beachtliche Vielfalt und Qualität

Die meisten Anbieter haben ein recht großes Portfolio an verschiedenen Webdesigns, aus denen du dir eines aussu-chen kannst. Auf der Grundlage der Designvorlage kannst du dann Seiten hinzufügen, eigene Texte einpflegen, Far-ben festlegen, Bildergalerien bauen etc. Deiner Kreativität sind eigentlich kaum Grenzen gesetzt.

Sicherlich ist die Design-Qualität einer Vorlage nicht die gleiche, die du bekommst, wenn du einen richtigen ausge-bildeten Webdesigner engagierst. Und nicht immer bietet dir ein CMS-Baukasten die Flexibilität, die du dir vielleicht im Idealfall wünschst, aber die CMS-Baukästen haben sich wirklich gemausert.

Aus den Designvorlagen lässt sich mit etwas Einfallsreich-tum viel machen. Es ist ein bisschen wie mit Möbeln: Ein individuell angefertigter Esstisch vom Schreiner ist natür-lich viel schöner als das Pendant vom schwedischen Einrichtungshaus. Aber bis man sich den Schreiner leisten kann, schmeckt die Spaghetti Bolognese auch am Massenprodukt ganz gut.

Der Berliner Musikbeschallungsanbieter shopmusic arbeitet mit der gleichen Designvorlage wie der Kurierdienst aus dem Ruhrgebiet, sieht aber trotzdem ganz anders aus.

Die CMS-Baukästen orientieren sich in der Handhabung an gängigen Computerprogrammen und sind in der Regel einfach zu bedienen. Wer sich gut mit Computern auskennt, wird mit den Baukästen keine Probleme haben. Wenn du etwas weniger Erfahrung mit Computern hast, kannst du dich aber trotzdem schnell in die Systeme einarbeiten. Trotz der übersichtlichen Bedienung rauft man sich früher oder später immer mal die Haare, weil irgendetwas nicht so funktioniert, wie es soll. Dafür gibt es dann in der Regel E-Mail-Support. Bei den kostenpflichtigen Paketen kannst du innerhalb von 24 Stunden mit einer Antwort rechnen. Schneller geht es in den angeschlossenen Hilfeforen. Dort tauschen sich die Nutzer untereinander aus und geben wertvolle Tipps.

 Viele Betreiber bieten Video-Tutorials an, in denen sehr gut und anschaulich gezeigt wird, wie das Content-Management-System funktioniert und welche technischen Möglichkeiten es bietet. Bevor du also überengagiert loslegst, mache dir erst einmal eine Tasse Kaffee und schau dir in Ruhe die Einsteigervideos an.

Normalerweise dauern sie nur zehn Minuten. Wenn du dann später zu bestimmten Themen mehr wissen willst, kannst du, während du schon an deiner Seite bastelst, ins Hilfe-Center zurückkehren.

Mit den Videoanleitungen für Einsteiger (hier im Beispiel von JIMDO) steht deinem Webprojekt eigentlich nichts mehr im Wege.

Wer soll das bezahlen? Kosten von CMS

Jetzt fragst du dich wahrscheinlich, was das alles kosten mag ... keine Bange: Die meisten Anbieter sind wirklich recht kostengünstig. Es gibt normalerweise sogar eine kostenlose Variante, allerdings ist die Nutzung dann da-

mit verbunden, dass Werbung für das jeweilige System auf deiner Website eingebaut wird. Für einen professionellen Unternehmensauftritt ist das eher nicht zu empfehlen. Aber auch die kostenpflichtigen Pakete sind durchaus erschwinglich: Ab 4,- Euro im Monat darfst du nicht nur das CMS und die Designvorlagen nutzen, sondern bekommst auch gleich noch den nötigen Webspace, eine E-Mail-Verwaltung und die Domain dazu.

»Webspace«: Um eine Internetseite zu betreiben, musst du Dateien ins Netz stellen. Diese Dateien benötigen Speicherplatz, den du dir bei einem sogenannten Provider kaufen musst. Diesen Speicherplatz nennt man Webspace.
»Domain«: Das ist die Internetadresse, unter der deine Website aufgerufen werden kann. Im Normalfall entspricht sie dem Unternehmensnamen, also *www. firma.de*.

Jimdo: das Start-up aus dem Norden

Schon seit 2004 ist in der Baukasten-Welt ein deutscher Anbieter zugegen, nämlich Jimdo. Der Legende nach zogen die Firmengründer auf einen Bauernhof nach Cuxhaven und entwickelten dort die Software. Unter dem Motto „Pages to the people" (deutsch: Internetseiten fürs Volk) zogen sie dann ins World Wide Web hinaus, mit der Mission, das Website-Bauen zu vereinfachen. Und siehe da, mittlerweile gibt es über drei Millionen Internetseiten weltweit, die mit Jimdo gebaut wurden. Sogar die philippinische Botschaft in Amman setzt auf das norddeutsche System.

Nicht gerade das beste Designbeispiel. Das kriegst du sicher besser hin als die philippinische Botschaft.

Die Bedienung von Jimdo ist wirklich sehr einfach und intuitiv. Sobald du dich angemeldet hast, ist deine Website in einer Grundversion eigentlich schon fertig! Du musst nur Texte und Bilder austauschen und die Menüpunkte umbenennen. Die Designvorlagen kannst du mit nur wenigen Klicks ausprobieren und übernehmen, wenn dir eine gut gefällt.

Jimdo besticht durch eine sehr einfache Bedienung und solide Designvorlagen.

Die Auswahl der Designs ist allerdings abhängig von dem Paket, für das du dich entscheidest: Bei der kostenlosen

Mitgliedschaft kannst du nur auf Standardlayouts zurück-greifen. Wenn du auf die kostenpflichtigen Paket JimdoPro

Eigentlich ein fairer Deal: Wer das System gratis nutzt, muss für Jimdo Werbung machen. Für deine Firmenwebsite ist davon jedoch unbedingt abzuraten.

oder JimdoBusiness wechselst, erweitert sich die Auswahl automatisch. Für Unternehmen bietet sich die Gratisvari-ante aber sowieso nur für eine Testphase an, weil deine Website ansonsten mit einem nicht gerade unauffälligen Jimdo-Werbebanner versehen wird. Auf deiner Unterneh-menswebsite willst du aber doch Werbung für dich machen und nicht für andere Firmen.

Außerdem kannst du mit dem kostenfreien Konto deine Website nicht unter deiner eigenen Domain laufen lassen. Stattdessen wird eine Kombination aus deinem Wunsch-namen und der Jimdo-Domain hergestellt, beispielswei-se www.meinname.jimdo.de. Das wirkt nicht gerade sehr professionell. Eine Investition in das Upgrade lohnt sich daher auf jeden Fall.

Die Pro-Version ist eher auf Privatpersonen und Vereine zugeschnitten und kostet 5,- Euro pro Monat (Stand: Ju-li 2011). Je nachdem, was du auf deiner Website anbieten möchtest, reicht diese mittlere Variante aber vielleicht so-gar schon aus. Wer professionell an die Sache herangehen möchte, ist mit der immer noch erschwinglichen Business-Version (monatlich 15,- Euro, Stand: Juli 2011) gut beraten. Enthalten sind mehrere E-Mail-Accounts, detaillierte Sta-

tistiken, noch mehr Webdesigns, Anfahrtsplan, automatische Suchmaschinenoptimierung und vor allem Support innerhalb von nur einer Stunde!

Am besten legst du bei Jimdo mit der Gratisversion los, schaltest dann während des Website-Bauens auf Pro um, und wenn deine Seite wirklich noch mehr Features braucht, kannst du immer noch in das Business-Paket wechseln.

Webnode: das beste Gratisangebot

Webnode ist seit 2008 am Markt und rühmt sich insbesondere damit, das beste und umfangreichste Gratisangebot zu haben. Das stimmt soweit auch: Man kann mit Webnode über die kostenlose Registrierung sogar eine eigene Domain benutzen, und Webnode schaltet keine Werbung auf den Gratisseiten! Um in diesen Genuss zu kommen, musst du dich allerdings als Privatperson anmelden. Wenn du dich als Unternehmen anmeldest, landest du automatisch in den kostenpflichtigen Konten.

In nur drei Schritten zur Website. Aber Achtung: Firmen-Websites sind bei Webnode doch kostenpflichtig.

Webnode bietet mehrere Hundert Designvorlagen, die für meinen Geschmack noch moderner und frischer sind als bei Jimdo. Besonders für die kostenpflichtigen Business-Accounts gibt es wirklich gute Designs und zum Teil sogar branchenspezifische Textvorlagen. Auch wenn du viele Besucher auf deiner Website erwartest, wirst du früher oder später auf eine Bezahlvariante umsteigen müssen. Aber auch die sind nicht allzu teuer und beginnen sogar schon bei 3,95 Euro – pro Monat wohlgemerkt!

Premium-Dienste

Noch **30 Tage** bis zum Ende der Testzeit.

Premium	Standard	Mini
EUR 19,95 pro Monat	EUR 9,95 pro Monat	EUR 3,95 pro Monat
Für Anspruchsvolle	Beliebteste Ausgabe	Ich bin Jungunternehmer
5000 MB Speicher	**2000 MB** Speicher	**500 MB** Speicher
Unlimitierte Bandbreite	**10 GB** Bandbreite	**3 GB** Bandbreite
100 Mailboxen	**20** Mailboxen	**3** Mailboxen
Kennwortschutz	Kennwortschutz	
Mehrsprachigkeit	Mehrsprachigkeit	
Fußzeile anpassen	Fußzeile anpassen	
Datensicherung und		
Datenwiederherstellung		
Offline-Version		
Kaufen	Kaufen	Kaufen

Gutes Preis-Leistungs-Verhältnis: Die Bezahlversionen liegen bei Webnode zwischen 3,95 und 19,95 Euro.

Der Funktionsumfang ist gerade bei den Business-Websites wirklich enorm. Es gibt umfangreiche Besucherstatistiken, E-Mail-Verwaltung, Blogs, Foren, Umfragen, Fotogalerien, Produktkataloge, Volltextsuche, RSS etc. Sogar vollständige Onlineshops kannst du mit Webnode bauen. Die vielen Funktionen können aber gerade am Anfang etwas verwirrend sein. Wenn du dich für diesen Anbieter entscheidest, gib dir ein bisschen Zeit und schau dich auf jeden Fall in Ruhe auf den Hilfeseiten um. Wer gut mit Computern umgehen kann, wird mit Webnode keine Schwierigkeiten haben, da sich die Nutzerführung an den üblichen Internet- und Software-Standards orientiert.

Mit Webnode kannst du auch größere Websites anlegen. Selbst mit vier oder fünf Navigationsebenen kommt der Editor problemlos klar.

1und1: schnell und einfach

Ab 9,90 Euro monatlich kannst du bei 1und1 deine Website betreiben. Privatpersonen kommen mit 4,90 Euro noch etwas günstiger weg. Der große Vorteil bei 1und1 ist die Bedienung. Im Vergleich zu den anderen CMS-Baukästen ist hier vieles reduziert und stark vereinfacht. Auch Einsteiger werden sich hier in kürzester Zeit zurechtfinden.

Waren s bei Webnode noch drei, so sind es bei 1und1 immerhin schon vier Schritte bis zur Website. Dafür ist der Editor aber wirklich sehr übersichtlich.

Der Unterschied zu den bisher vorgestellten Systemen ist die Branchen-Sortierung. 1und1 bietet für alle gängigen Unternehmenszweige Website-Beispiele und Designvorlagen an. Sogar ganze Textblöcke kannst du von 1und1 übernehmen. Das hört sich zunächst nach einem Spitzen-Service an, aber leider sind die über 100 Designvorlagen zum Teil doch etwas altbacken bzw. sehr schlicht. Mit den schicken Designs von Webnode oder auch Jimdo kann 1und1 nicht mithalten. Speziell wenn man bedenkt, dass 1und1 nicht gerade den günstigsten Baukasten anbietet.

Auch in puncto Kundenservice ist 1und1 nicht weit vorne. Obwohl die Benutzerführung und auch das gesamte Branchen-Konzept sehr gut durchdacht sind, kann es ja durchaus passieren, dass du einmal auf Probleme stößt. In diesen Fällen hat der 1und1-Support leider einen schlechten Ruf bekommen.

Wenn du also wirklich nur in kürzester Zeit, mit geringem technischen Aufwand eine Website ins Netz stellen möchtest und dein Unternehmen in den Standardbranchen zu finden ist, macht 1und1 vermutlich Sinn. Legst du aber Wert auf etwas Individualität und gutes Design, bist du bei einem der anderen Anbieter besser aufgehoben.

1und1 bietet professionelle Videoanleitungen an. Insgesamt ist die Anwendung auch für Ungeübte schnell zu erfassen.

Falls du dich entscheidest, deine Website bei 1und1 zu bauen, sei vorsichtig mit den Textbausteinen. Wenn du die gleichen Texte benutzt, wie viele andere 1und1-Kunden aus deiner Branche, kannst du Schwierigkeiten mit deinem Suchmaschinen-Ranking bekommen. Mehr zur Suchmaschinenoptimierung gibt es in Kapitel 3.6.

Webs: die Web-2.0-Maschine

Die Brüder Haroon und Zeki gründeten Webs schon in 2001, als sie selber noch Studenten waren. Damals hieß das Projekt Freewebs, und das Internet war sozusagen noch in den Teenagerjahren. Websites wurden meistens ohne CMS von Programmierern und Designern produziert. Die Gründer wollten mit ihrem CMS-Baukasten die Website-Erstellung speziell für kleine Unternehmen vereinfachen. Und das merkt man auch bis heute: Obwohl natürlich alle Website-Builder für kleine Unternehmen ideal sind, hat sich Webs die Ausrichtung auf „Small Business" noch dicker ins Heft geschrieben als die anderen. So gibt es zum Beispiel neben einer kostenlosen Version drei Bezahlvarianten, sodass du genau auswählen kannst, was du brauchst und wofür du Geld ausgeben möchtest. Das „Enhanced"-Paket für umgerechnet 5,- Euro ist für kleine Unternehmen am besten geeignet. Du hast dann deine Domain und fünf E-Mail-Adressen bereits inklusive. Der Editor unterscheidet sich im Großen und Ganzen nicht von der Konkurrenz. Das meiste ist recht intuitiv und selbsterklärend, allerdings gibt es die Benutzeroberfläche nur in Englisch. Die Auswahl an Designvorlagen ist bei den Gratiskonten nicht so groß. Bei den Bezahlpaketen gibt es aber auch einige Hundert zur Auswahl.

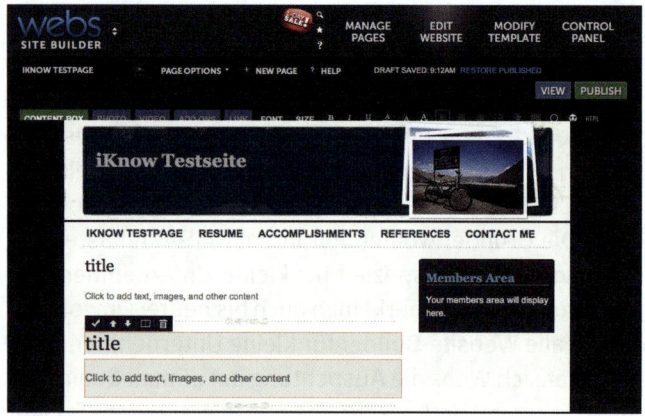

Bei Webs gibt es jedes Design in vier verschiedenen Farbvariationen.

Womit Webs sich aber deutlich von der Konkurrenz abhebt, sind die umfangreichen Anbindungen an die Social Media. Die Funktionen für Blog und Forum sind sehr gut dafür geeignet, regelmäßige Beiträge einzustellen. Darüber hinaus gibt es noch Apps und Widgets, also kleine Mini-Programme, mit denen du Zusatzfunktionen auf deiner Website anbieten kannst.

Zum Beispiel gibt es einen Kalender, eine Funktion, mit der man direkt auf der Website Treffen organisieren kann,

Spiele und einen Instant-Messenger-Dienst. Speziell für Facebook hat Webs einige clevere Funktionen im Angebot, sodass du deine Facebook-Fanseite optimal mit deiner Webseite verknüpfen kannst. Und sogar für die mobile Internetnutzung hat Webs bereits vorgesorgt. Deine Website-Besucher werden deine Seite auch auf dem iPad oder Smartphone aufrufen können, und du kannst von unterwegs neue Texte und Fotos einstellen.

Ein Statistik-Tool ist bei Webs ebenfalls inklusive. Damit kannst du genau analysieren, woher deine Besucher kommen und wie sie sich verhalten.

In der Vergangenheit hat es bei Webs Probleme mit der Darstellung von Umlauten gegeben. Das scheint mittlerweile besser zu funktionieren. Bevor du aber auf ein Bezahlpaket umsteigst, probier vorher in der kostenfreien Version aus, ob deine Text richtig angezeigt werden!

Wix: für kreative Flash-Freunde

Wix ist ein CMS-Baukasten, der auf Flash aufbaut und daher viel mehr Möglichkeiten bietet, deine Website nach eigenem Gusto zu gestalten.

> **»Flash«:** Steht kurz für Adobe Flash. Das ist Entwicklungsumgebung von Adobe Systems zur Erstellung multimedialer, interaktiver Inhalte. Damit lassen sich auch ganze Websites erstellen.

Flash ist besonders in den letzten Jahren sehr umstritten gewesen. Denn Flash-Websites bieten zwar tolle Effekte und sehr gute Designmöglichkeiten, dafür waren sie aber lange für die Suchmaschinen unsichtbar.

Das ist heute besser, aber gerade bei großen Websites, die auf den Suchmaschinen-Traffic angewiesen sind, ist Flash weniger geeignet. Ein anderes Problem ist, dass die Besucher eine Browsererweiterung benötigen, ohne die die Seite nicht angezeigt wird.

Die meisten Browser haben dieses Plug-in vorinstalliert. Allerdings stellt Apple dieses Plug-in für mobile Endgeräte wie iPad und iPhone nicht zur Verfügung, sodass Flash-Websites darauf nicht angezeigt werden.

Mit Wix gestaltete Flash-Websites sind ein echter Hingucker, lassen sich aber nicht von jedem Browser darstellen.

Da Wix speziell Freiberufler und kleine Unternehmen aus der Kreativbranche, Gastronomie oder Einzelhandel ausgezeichnete Designmöglichkeiten bietet, hat Wix es hier trotz der Diskussion um Flash in die Top 10 geschafft.

Flash ist sicherlich nicht für jeden sinnvoll. Informiere dich vorher noch einmal etwas genauer und wäge dann für dich ab, ob sich die Nachteile von Flash wirklich auf deine Website negativ auswirken.

Im Wix-Editor kannst du dich gestalterisch austoben. Kein anderer Baukasten bietet so hochwertige Designs

Und nun zu den positiven Dingen: Über zehn Millionen Websites sind weltweit schon mit Wix erstellt worden. Entsprechend viel Inspiration findest du auf wix.com. Fast jede Branche ist vertreten.

Natürlich kannst du auch bei Wix auf fertige Vorlagen zurückgreifen, in die du nur deine eigenen Texte und Bilder einfügen musst. Besser ist aber noch, dass du die Vorlagen vollkommen frei bearbeiten kannst.

So musst du dich zum Beispiel nicht an Spalten halten, wie es bei den übrigen Baukästen der Fall ist. Du kannst Elemente wie Fotos und Texte per Drag & Drop an eine beliebige Stelle ziehen, vergrößern oder verkleinern, drehen und mit Effekten versehen. Dadurch hast du die Möglichkeit, sehr individuelle Seiten zu bauen.

Zugegebenermaßen dauert das schon etwas länger, als wenn man auf ein einfaches Design zurückgreift. Wenn man erst einmal angefangen hat, Wix zu entdecken, wird man schon fast süchtig danach. Einige Nachtschichten können dabei dann schon rumkommen.

Allerdings ist man nie allein – die Wix-Community ist Tag und Nacht aktiv und bei akuten Anwenderproblemen finden sich auch noch spät nachts in den Foren und Hilfeseiten genügend Tipps.

Mit Wix lassen sich selbst langweilige Küchenutensilien sexy präsentieren.

 Achte bei der Auswahl des CMS-Baukastens nicht nur auf die Funktionen, Preis und die Qualität der Designs, sondern auch auf die Stabilität des Unternehmens. Wenn der Anbieter pleite geht, ist deine Website nämlich weg und du kannst wieder von vorne anfangen.

Top 10: Die besten Website Baukästen (Content Management Systeme)

Jimdo ❶
Solides Einsteiger-Tool mit viel Potenzial

Webs ❷
Social Media Power für deine Website

Wix ❸
Für Kreative und anspruchsvolle Design-Fans

Webnode ❹
Viele Funktionen für wenig Euros

Squarespace ❺
Der Mac unter den CMS-Baukästen

Weebly ❻
Der Liebling der Amerikaner

1und1 ❼
Blitz-Websites dank Branchen-Standards

Yola ❽
Ambitionierter Anbieter aus Südafrika

Yahoo ❾
Baukasten-System vom Suchmaschinen-Dino

Web to Date ❿
Gute Designvorlagen und viele Seitenelemente

Aktuelle Top 10 online: www.iknow.de

web to date 8.0: exklusiver iKnow-Rabatt!

Auch DATA BECKER bietet mit web to date 8.0 eine intuitiv bedienbare Website-Software an. Mit dem komfortablen Einrichtungsassistenten kannst du eine von mehr als 1.500 Designvarianten auswählen und anpassen. web to date 8.0 besticht durch eine Vielzahl an Seitenelementen. Bilder, Texte, Tabellen oder Multimedia-Inhalte wie Videos, Musik, Flash-Animationen oder Diashows lassen sich mühelos einbinden und frei miteinander kombinieren.

Für meine geschätzten iKnow-Leser habe ich einen Rabatt rausschlagen können: Beim Kauf der Vollversion von web to date 8.0 bekommst du einen Preisnachlass in Höhe von 16,95 Euro – dem Kaufpreis dieses Buches! Einfach die Seite *www.webtodate.de/iknow* aufrufen und bestellen. Hier kannst du web to date natürlich auch erst einmal zehn Tage kostenlos testen!

Das kleine 1x1 des Webdesigns

Die CMS-Baukästen bieten so viele Funktionen, Seitenelemente und Designs, das es nicht ganz einfach ist, das Wesentliche im Auge zu behalten: die möglichst leichte und möglichst schnelle Erstellung einer übersichtlichen und pflegeleichten, professionellen Website. Damit aus deiner Website nicht ein blinkendes Scroll-Monster wird, gibt es hier die wichtigsten Designtipps im Überblick.

 Ein harmonisches Farbschema

Falls dein Unternehmen bereits ein Logo oder andere Werbemittel hat, ist die Farbwahl eigentlich einfach, denn dann sollte sich die Website natürlich an der bisherigen Gestaltung orientieren.

Gibt es bisher noch keine Vorgaben, stelle dir eine Kombination aus zwei bis drei Farben zusammen, die du zukünftig für deine offizielle Kommunikation einsetzt. Das muss nicht nur auf der Website sein, du kannst auch deine Rechnungen oder Visitenkarten im gleichen Look drucken.

Für die Website ist es wichtig, dass die Farbkombination auf allen Unterseiten gleich bleibt und nicht ständig wechselt. Achte darauf, dass die Farben dir auch genug Kontraste bieten. Beispielsweise muss sich der Text von dem Hintergrund deutlich abheben, sonst wird es sehr schwierig, ihn zu lesen.

Hellblau auf Orange. Nicht gerade ein augenfreundliches Farbschema.

Farbkombinationen, die häufig verwendet werden sind beispielsweise Blau und Weiß, Rot, Grau und Schwarz, Grün, Schwarz und Weiß oder Gelb, Grau und Weiß.

Bei colourlovers.com kann man durch Hunderte von Farbpaletten stöbern. Gefällt dir eine Kombination, kannst du sie einfach auf deine Website übertragen, indem du den sogenannten Hex-Code der einzelnen Farben in den Farbwähler deines CMS-Baukastens überträgst.

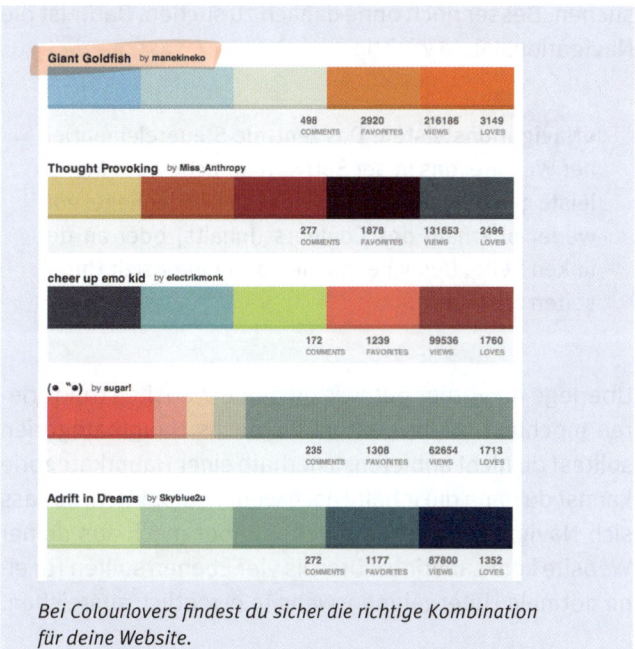

Bei Colourlovers findest du sicher die richtige Kombination für deine Website.

2 Eine verständliche und klare Navigation

Wenn du erst einmal einen Besucher auf deine Website gelockt hast, sollen sie natürlich auch finden, wonach sie suchen. Besser noch ohne danach zu suchen. Dafür ist die Navigationsleiste wichtig.

> **»Navigationsleiste«:** Das zentrale Steuerelement einer Website, das in der Softwaresprache auch Menüleiste genannt wird. Sie befindet sich in der Regel entweder oberhalb des Contents (Inhalts) oder an der linken Seite. Besucher können darüber gezielt Unterseiten ansteuern.

Überlege dir vorher gut, wie du deine Website strukturieren möchtest. Mehr als fünf bis sechs Hauptkategorien solltest du nicht anbieten. Innerhalb einer Hauptkategorie kannst du dann die Inhalte noch weiter aufsplitten, sodass sich Navigationsebenen ergeben. Aber mach aus deiner Website kein Labyrinth: Drei bis vier Ebenen sollten für eine normale Unternehmenswebsite eigentlich ausreichen.

Achte bei der Bezeichnung der einzelnen Menupunkte darauf, dass klar ist, welche Inhalte darunter zu finden sind. Ansonsten läufst du Gefahr, deine Besucher zu verwirren. Unter *Produkte* erwarten Besucher Informationen zu deinem Unternehmensangebot, kein Kontaktformular.

3 Nicht zu viel Effekthascherei

Internetseiten sind längst keine digitalen Versionen von langweiligen Unternehmensbroschüren mehr. Stattdessen gibt es Effekte, Filme und Animationen, mit denen sich Websites abwechslungsreich gestalten lassen. Aber bitte übertreibe es damit nicht!

Ein oder zwei nette Effekte reichen eigentlich aus. Hüpfende Logos, Pop-up-Banner, blinkende Buttons und Texte, die ständig in Bewegung sind, lenken viel zu sehr von der Information ab. Außerdem wirken solche Effekthaschereien eher unseriös. Ein weiterer Grund, damit auf deiner Website sparsam umzugehen

4 Schriften wollen gelesen werden

Ich weiß nicht, wie oft ich schon Websites weggeklickt habe, weil sie in so lustigen Partyschriften wie Comic Sans oder Giddyup geschrieben waren. Oder noch schlimmer: solche geschwungenen viktorianischen Wunderwerke wie Edwardian Script. Na, konntest du etwas lesen? Eben! Schriften sind zum Lesen da, darum solltest du auf zu viel Kreativität bei der Schriftauswahl verzichten. Wenn die Schrift auf dem Computer deines Website-Besuchers nicht vorhanden ist, wird der Text sowieso automatisch in einer Standardschrift angezeigt. Und wer weiß, wie das dann aussieht ...

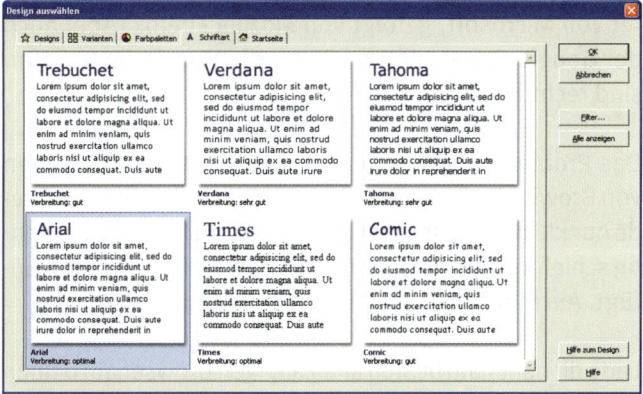

web to date unterstützt dich bei der Auswahl der Schrift für deine Website mit nützlichen Hinweisen auf deren Verbreitung.

 Beschränke dich am besten auf eine Schriftart für die Überschriften und eine weitere für die Fließtexte. Gut lesbare Standardschriften, die auf fast allen Rechnern laufen, sind Arial, Helvetica, Verdana oder Times.

5 Bildschirmauflösung für alle!

Computermonitore gibt es in allen möglichen Formaten und Größen. Von XXL-Screens mit Kino-Flair bis hin zu den Mini-Bildschirmen auf den Netbooks. Auch die mobilen Endgeräte wie Smartphone, iPad & Co. werden immer häufiger benutzt. Viele Websites sind trotzdem nur für eine bestimmte Bildschirmgröße optimiert. Dann sieht die Seite in einer Auflösung von 800 x 600 vielleicht super aus, aber auf einem größeren Monitor mit einer Auflösung von – sagen wir – 1024 x 768 ziemlich leer und traurig.

Bei dem Design deiner Website solltest du sicher gehen, dass sie auf allen Bildschirmen möglichst gut aussieht. Die meisten Internetnutzer surfen mit einer Auflösung von 1024 x 768 oder größer. Wobei auch 800 x 600 nicht zu vernachlässigen ist. Orientiere dich daher am besten an einer der beiden Größen.

Gerade bei kleinen Bildschirmen ist die Darstellung oft problematisch. Denk bei der Platzierung von wichtigen Elementen immer daran, dass bei kleineren Ansichten der untere Bereich deiner Website abgeschnitten wird und nur durch Scrollen sichtbar ist. Um aber auch bei Besuchern mit Laptops oder Smartphones nicht direkt unten durch zu

sein, könntest du beispielsweise wichtige Elemente weit oben platzieren, sodass sie nicht abgeschnitten werden.

Bei der kleinen Kaffeerösterei Schamong sieht auch in 800 x 600 noch alles prima aus.

6 Lass den Traffic über deine Seite brausen

Der Browser ist das Programm, mit dem du Webseiten aufrufst. Der meistgenutzte ist immer noch der Internet Explorer von Microsoft, gefolgt von Mozilla Firefox. Aber auch der Google-Browser Chrome und die Mac-Variante Safari sind recht beliebt.

Das Problem ist, dass die Darstellung von Internetseiten von Browser zu Browser abweicht. Oft sind die Unterschiede nur kleine Details, aber manchmal geht auch etwas richtig schief. Zum Beispiel wenn man interaktive Elemente einfügt. Auch Buttons verrutschen ganz gern mal ...

Lade dir daher am besten alle gängigen Browser auf deinen Rechner; sie sind ja durchweg kostenlos zu haben. Schaue dir dann deine Website in allen Programmen an, und teste, ob alles funktioniert und richtig dargestellt wird.

 Für das Testen deiner Website in unterschiedlichen Bildschirmauflösungen gibt es den Onlinedienst ViewLike. us. Hier wird deine Homepage in einen separaten Bereich geladen, dessen Größe angepasst werden kann. Dabei stehen gängige Auflösungen sowie eine iPhone- und eine Wii-Ansicht zur Verfügung.

Noch leichter als mit einem mühseligen Test in allen Programmen geht es mit browsershots. org. Auf der Website kannst du nicht nur alle Browser, sondern auch noch deren verschiedene Versionen durchchecken lassen. Als Ergebnis spuckt die Maschine dir Bildschirmfotos in der Ansicht jedes Browsers aus.

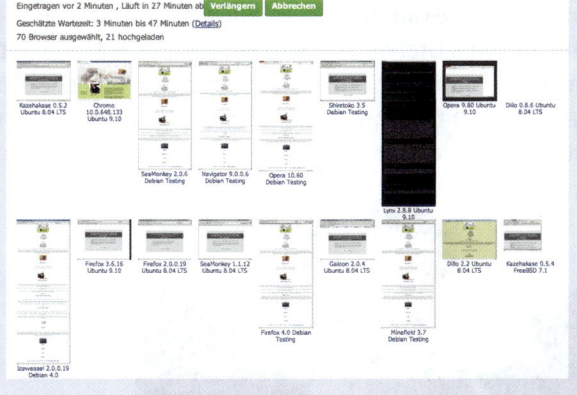

7 Lass Bilder sprechen

Mit schönem Fotomaterial kannst du deine Website richtig aufpeppen. Bilder bringen Emotionalität in das Design und

sorgen dafür, dass die Texte nicht zu viel Gewicht erhalten. Denn mit zu viel Text wirkt eine Website auf den ersten Blick manchmal langweilig. Benutze am besten Bilder, die auf dein Farbspektrum abgestimmt sind und natürlich thematisch zu deiner Branche passen. Manchmal bieten sich auch Fotoserien an, sodass die gesamte Website ein richtiges Bild-Konzept hat.

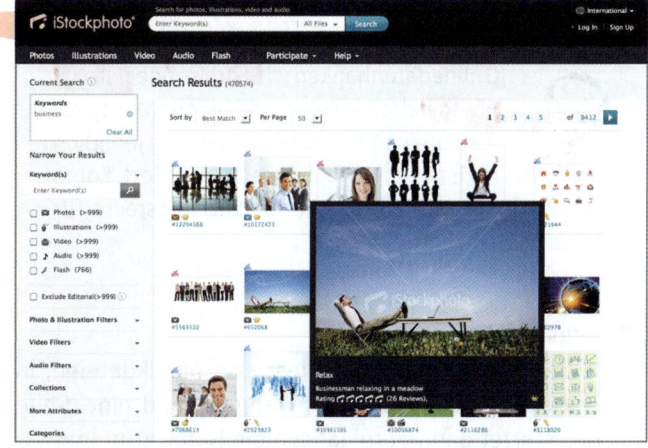

Fotos, Videos, Illustrationen und sogar Animationen. Bei den Onlinedatenbanken wird man schnell fündig und kann sich zur Belohnung entspannt zurücklehnen.

Natürlich kannst du auch Fotos von deinem Unternehmenssitz, Büros oder deinen Mitarbeitern zeigen. Freiberufler sollten auf jeden Fall mindestens ein Foto von sich selber einstellen. Schließlich will man wissen, mit wem man es zu tun hat. Mitarbeiterfotos müssen nicht unbedingt steife Porträts sein. Zeig dich und dein Team ruhig in „Action". Ein paar Zeilen mit persönlichen Informationen über die jeweilige Person sind eine nette Ergänzung.

 Onlinedatenbanken wie Fotolia oder istockphoto haben Archive mit Millionen von professionellen Fotos. Du musst dich lediglich registrieren und kannst dann dort Fotos ganz legal ab 1,00 Euro inklusive Nutzungsrecht für deine Website erstehen.

9 Musik ab?

Es ist ziemlich leicht, Audio-Files, also Musikdateien, in deine Website zu integrieren. Wenn jemand eine Seite aufruft, startet dann automatisch die Hintergrundmusik. In den allermeisten Fällen rate ich davon ab. Stelle dir vor, jemand hat kurz vorher über seinen Rechner Musik gehört, und das richtig laut. Danach kommt er auf deine Website und weil die Lautsprecher noch so laut eingestellt sind, schalltert ihm dein Lieblingslied um die Ohren. Vor lauter Schreck klickt er vielleicht direkt weg. Außerdem ist Musik einfach Geschmackssache. Das weiß man seit der 9. Klasse, als wir uns alle gegenseitig mit unserem ach so schlechten Geschmack aufgezogen haben. Vergraul dir potenzielle Kunden lieber nicht damit, dass du einfach musikalisch nicht mit ihnen auf einer Welle schwimmst. Zu jeder Regel gibt es aber bekanntermaßen auch Ausnahmen. Auf der Website eines Orchesters oder einer Band will man natürlich Musik hören. Auch Unternehmen, deren Dienstleistung oder Produkt etwas mit Musik oder Geräuschen zu tun hat, sollten selbstverständlich Audio-Content anbieten.

Musik kann auf Webseiten ganz schön nervtötend sein.

 Integrierst du Musik oder andere Audio-Files auf deiner Website, lass deine Besucher lieber selber entscheiden, wann sie den Ton anschalten möchten. Auch bei Videos lässt sich das sogenannte Autoplay, also der automatische Start, eigentlich immer ausschalten. Wenn du den Ton unbedingt automatisch starten möchtest, biete zumindest gut sichtbar einen Button an, über den man den Ton stumm schalten kann.

9 Achte auf die Ladezeit

Nichts ist nerviger als eine Website, die nicht richtig lädt. Dann sitzt man davor, und je nachdem, welches System man nutzt, drehen sich Rädchen oder Eieruhren minutenlang im Kreis. Im schlimmsten Fall haben deine Besucher das Warten satt und klicken weg. Um Ladezeiten möglichst kurz zu halten, solltest du darauf achten, die einzelnen Seiten nicht mit Content zu überladen. Gerade multimediale Inhalte wie Video- und Bilderdateien sind sehr groß und verzögern die Ladezeit. Versuche möglichst viel zu komprimieren oder solche Inhalte auf mehrere Unterseiten zu verteilen.

 Die meisten CMS-Baukästen bieten extra Informationen und Tutorials dazu an, wie du die Ladezeiten in dem jeweiligen System verbessern kannst.

10 Weniger ist mehr

Wie sagt der Engländer so schön? Keep it simple! Das gilt für eine Website erst recht. Die Versuchung ist groß, möglichst viele Informationen unterzubringen. Das ist prinzipiell auch möglich, aber es ist sinnvoller, deine Inhalte auf mehrere Unterseiten zu verteilen, als einzelne Seiten mit Bildern, Texten und anderen Seitenelementen zu überfrachten. Lasse ruhig auch mal etwas Raum zu. Manche Websites sehen so aus, als hätten die Betreiber eine Phobie vor weißen Flächen. Dabei muss das Auge auch mal etwas ruhen können.

Endlich.
Das iPhone 4. Jetzt auch in Weiß erhältlich.

Ganz in Weiß! Apple hat die unbunte Farbe zum Designtrend erkoren.

Websites sollten zum unteren Bildschirmrand hin nicht zu lang werden. Viele Leute empfinden es als unkomfortabel, wenn die Inhalte nur über den Scrollbalken sichtbar werden. Sollte sich das Scrollen nicht vermeiden lassen, achte darauf, die wichtigsten Inhalte nach oben zu stellen. Ob deine Wunsch-Domain noch verfügbar ist, kannst du bei check-domain.de überprüfen. War jemand anders schneller, lohnt sich eventuell eine Kaufanfrage. Den Halter deiner Domain erfährst du bei der DENIC.de, der zentralen Registrierungsstelle für Domains.

Die Domain: deine Adresse im World Wide Web

Um eine Website ins Netz zu stellen, brauchst du eine Domain. Das ist die Adresse, unter der die Internetseite im Browser aufgerufen werden kann. Normalerweise benutzt man dafür den Unternehmensnamen gefolgt von dem Kürzel „.de" für Deutschland. Internationale Domains enden mit „.com". Nicht kommerzielle Organisationen können auch die Endung „.org" benutzen. Eine Domain kann man nicht kaufen, sondern nur für einige Jahre mieten. Die Jahresgebühr liegt normalerweise bei sechs bis 15 Euro. Bei den meisten CMS-Baukästen kannst du auch direkt die Registrierung deiner Domain vornehmen.

Der Unternehmensblog – nicht nur für Kreative & Experten

Die echten Blogger mögen es gar nicht, dass Blogs in Büchern für Unternehmen vorkommen. Denn echte Blogger sind eigentlich unabhängige Menschen, die ein Spezialthema haben, und dazu regelmäßig im Internet veröffentlichen. Sie schreiben Beiträge und Artikel über das, was in ihrer jeweiligen Szene passiert, und setzen sich meist kritisch damit auseinander. Andere Blogger kommentieren die einzelnen Posts, sodass nicht selten auf stark frequentierten Blogs heiß diskutiert wird. Die Kommerzialisierung der Blogs ist für viele ein dunkelrotes Tuch.

Die meisten Blogger sind Hobby-Schreiberlinge, aber oft genug auch richtige Journalisten, denen es um Information und Austausch geht. Je organisierter und beliebter die Blogs wurden, desto mehr kamen die Marketingabteilungen auf den Plan.

Die Blog-Szene ist für Unternehmen wie deins aus verschiedenen Gründen interessant: Zum einen sind die Blogger wichtige Multiplikatoren und in ihrem Themengebiet sehr einflussreich, denn sie genießen ein hohes Ansehen. Schafft man es, sie für das eigene Unternehmen zu begeistern, ist das unter Umständen gut fürs Image genauso wie ein positiver Artikel in einer reichweitenstarken Zeitung.

Zum anderen versuchen Unternehmen selber zu bloggen, um sich als kompetente Ansprechpartner in ihren Fachbereichen zu platzieren. Und so entstanden die Firmenblogs (engl. Corporate Blog).

Sascha Lobo ist der wohl bekannteste deutsche Blogger. Nicht selten sieht man seinen pinken Irokesen-Schnitt in Talkshows und auf Großveranstaltungen.

Guck mal, wer da bloggt!

Die aktuelle Studie „State of the Blogosphere 2010" des Blogverzeichnisses Technocrati hat ergeben, dass die meisten Blogger nach wie vor Privatleute sind: 65 % der befragten Blogger schreiben aus Spaß an der Freude, gefolgt von den Selbstständigen, deren Blogs größtenteils mit ihrem Unternehmertum verbandelt sind (21 %). Bei den Teilzeit-Bloggern ist es ähnlich. Sie investieren mehr als drei Stunden pro Woche in ihren Blog und tun dies entweder als Nebenerwerb oder als Teil ihres Hauptjobs (13 %). Lediglich 1 % der Befragten bloggen hauptberuflich bzw. professionell für ein Unternehmen.

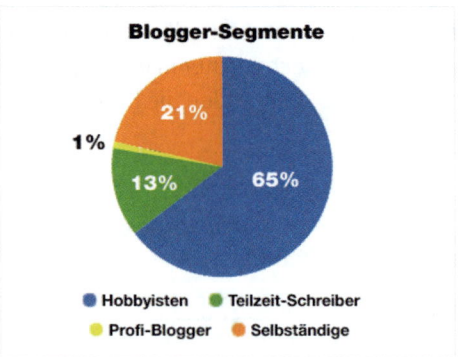

Die meisten Blogger sind nach wie vor Amateure. Ein Grund mehr, dich auch mal als Schreiberling zu versuchen!

Warum Unternehmen bloggen sollten

Obwohl das Wort „Blog" vor gut zehn Jahren gerade mal erschaffen wurde, breitete sich diese neue Publikationsform aus wie ein Lauffeuer. Es gibt mittlerweile weltweit 152 Millionen Blogs. Laut einer Studie der Unternehmensberatung McKinsey bloggten in den USA Ende 2010 fast 40 % der Unternehmen.

Den Blog als Werkzeug für die Selbstvermarktung entdeckten als Erste die Kreativen. Insbesondere Künstler und

Musiker nutzten die eher ungezwungene Sprache und das eng gesteckte Themengebiet, um sich auszutauschen, ihre Meinungen zu verbreiten und Szene-News zu teilen. Wer früh mit dem Bloggen anfing, konnte zum unangefochtenen Experten seiner Szene avancieren.

Leider haben die Blogs von Unternehmen oft eine sehr kurze Lebensdauer. Der anfängliche Enthusiasmus ist schnell erschöpft, wenn erst einmal klar wird, dass ein Blog ein wenig Zeit und Muße erfordert. Es geht auch nicht nur darum, über den neusten Erfolg zu berichten oder „witzige" Zoten von der letzten Weihnachtsfeier zu verfassen, sondern glaubwürdig in themenrelevante Diskussionen einzusteigen. Der Blog ist das Tor zur Social-Media-Welt.

Richtig aufgezogen kann dein Unternehmensblog innerhalb deiner Branche zu einer interessanten Anlaufstelle für deine Kunden und eine vielbesuchte Informationsquelle für Geschäftspartner werden. Im Prinzip sind die Gründe für einen Firmenblog die gleichen, die für Social Media im Allgemeinen gelten Du kannst deine Kompetenz demonstrieren, zeigst dich ansprechbar und kritikfähig. Gute Blog Posts werden im Internet verbreitet, was deinen Bekanntheitsgrad steigert. Und Du erhältst wertvolles Feedback.

Mitbestimmungsrecht erhielten vor Kurzem die Leser des Ritter-Sport-Blogs. Bei der Kreation einer neuen Schokoladensorte setzte der Hersteller auf die Unterstützung seiner Fans, was gut ankam und zu über 900 Vorschlägen führte.

Der Blog ist sozusagen die Startbahn für dein Social Media Marketing. Darum sollte er auf keiner Unternehmens-Website fehlen. Allerdings gibt es zwei Möglichkeiten: Du kannst entweder einen Blog in deine Website integrieren,

sodass die Blog-Beiträge wie ein eigener kleiner News-Kanal auf einer Unterseite erscheinen, oder du betreibst den Blog auf einer eigenen Internetseite, die mit deiner Website verlinkt ist.

 Es gibt einige kostenlose Blog-Services, die ähnlich wie die CMS-Baukästen fertige Blog-Systeme mit entsprechenden Design-vorlagen anbieten. Die bekanntesten sind Blogger, Tumblr oder WordPress.

Wenn du deinen Blog wirklich mit viel Zeit, Sachverstand und Insider-Themen betreiben möchtest, bietet es sich an, dafür eine eigene Website anzulegen. Dadurch ist der Blog eigenständig und noch etwas mehr von den klassischen Unternehmensinhalten losgelöst. Das bietet dir mehr Spielraum auch für kritische Themen und die Sprachwahl. Du trittst dann stärker als Blogger, denn als Unternehmen auf. Möchtest du deinen Blog eher etwas entspannt angehen, vielleicht mit zwei bis drei Beiträgen pro Monat, und das in einer Tonalität und mit Inhalten, die sehr nah an deiner sonstigen Unternehmenskommunikation sind, reicht ein eigener kleiner Blog-Kanal auf deiner Website aus.

The Cleanest Line

Weblog for the employees, friends and customers of the outdoor clothing company Patagonia. Visit Patagonia.com to see what we do.

About

RSS Feed

Recent Comments

Tim Matsui on Postcard from Chamonix: Totally Casual

used boat sales on Vikings of the Vertical Set Sail for Greenland's Big Walls

diego on Postcard from Chamonix: Access

Rob_James on Postcard from Chamonix: Access

Kelly Cordes on Postcard from Chamonix: Access

Rob_James on Postcard from Chamonix: Access

dave king on Postcard from Chamonix: Access

Kelly Cordes on Postcard from Chamonix: Access

Kelly Cordes on Postcard from Chamonix: Access

Kelly Cordes on Postcard from Chamonix: Access

Bean Bowers 1973-2011

It is with profound sadness and respect that we share news of the passing of our friend and ambassador, Bean Bowers, after his six-month battle with cancer. Our thoughts and prayers are with Bean's wife, Helen, and his friends and family.

We'll share more in the coming days. For now, you can read about Bean's Battle in our previous post or visit Bean Fever, a site created by his friends to update everyone on his progress and raise funds to help pay for the medical expenses.

Unter dem Titel Thecleanestline betreibt die Outdoor-Marke Patagonia einen Blog rund um Abenteuer und Naturerlebnisse. Die eigene Domain gibt dem Blog mehr Freiheiten als ein eingebetteter Blog.

Top 10: Die besten deutschen Firmenblogs zum Abgucken

Ritter Sport: Blog-Schokolade
www.ritter-sport.de/blog ❶

Edding: der Azubi-Blog
http://azubiblog.edding.de ❷

Walthers Obstsäfte: kein Fallobst
www.walthers.de/saftplausch/saftblog ❸

Shopblogger: zwischen Kasse und Leergut
www.shopblogger.de/blog ❹

Frosta: leider ohne Peter
www.frostablog.de ❺

Abenteuer-Park Potsdam: Blick nach oben
www.abenteuerpark.de/blog ❻

Die Seifenmanufaktur: Blog gegen Schmutz
http://die-seifenmanufaktur.blogspot.com ❼

Sigvaris: Kompressionsstrümpfe
http://sigvaris-laufblog.de ❽

Sepago: Hier bloggt die halbe Belegschaft
www.sepago.de/sepago-backstage/blogs ❾

Vodafone: gute Social Media-Verknüpfung
http://blog.vodafone.de ❿

Aktuelle Top 10 online: www.iknow.de

Bloggen, aber worüber?

Ganz wichtig ist beim Corporate Blogging, dass es nicht nur um dich und dein Unternehmen geht, sondern um dein Kompetenzfeld. Bevor du loslegst, überlege dir ein ausgewogenes Themenspektrum aus Sachinformation, Produktpräsentation und unterhaltsamen Inhalten.

Natürlich kommen dein Unternehmen, deine Produkte oder deine Dienstleistungen in dem Blog vor, aber du solltest versuchen, immer einen Bezug zu deinem Thema herzustellen.

Ein Reformhaus beispielsweise würde in seinem Blog nicht nur über neue Produkte, Preise und Angebote berichten, sondern auch zu Themen wie Naturkosmetik und gesunde Ernährung. Trends und Studienergebnisse könnten genauso diskutiert werden wie Förderprogramme und Empfehlungen aus Instituten und Behörden.

Ein Bauunternehmen hingegen bloggt über Energiesparmöglichkeiten, ein Friseur über die neue Haarpracht von Promis und ein Krankengymnast über ergonomische Arbeitsplätze.

 Auch wenn der Blog für dein Unternehmen in eine Marketingstrategie eingebettet ist, solltest du die Ursprünge des Bloggens nicht ganz vergessen. Beim Corporate Blogging geht's in erster Linie nicht um platte Werbung!

Zehn Ideen gegen die Blog-Blockade

1 Erfahrungsberichte

Gibt es ein neues Produkt in deiner Branche, über das du kürzlich gestolpert bist? Probiere es aus und schreibe über deine Erfahrungen damit. Aber sei ehrlich: Nur weil es von einem Konkurrenten ist, musst du es nicht automatisch schlechtmachen. Das wäre etwas zu offensichtlich. Auch Produktvergleiche sind für deine Leser interessant.

2 Netzfunde

Das Internet ist der beste Fundus für neuen Blog-Stoff. Videos und Fotos lassen sich oft sehr leicht in deinen Blog integrieren. Dazu kannst du einfach eine kurze Zusammenfassung mit deiner eigenen Einschätzung des Inhalts liefern.

3   Neu, neuer, am neusten

Alles, was neu ist, ist einen Blog-Beitrag wert: Mitarbeiter, Produkte, Unternehmensstandort, Website. Zur Not tut es auch die neue Topfpflanze. Aber achte darauf, dass du eine Branchenrelevanz erzeugst! Beispielsweise geht es in einem Beitrag über den Personalzuwachs eher um den noch jungen Spezialbereich, den die neue Mitarbeiterin für dein Unternehmen ausbauen soll.

4   Inspiration ≠ Ideenklau

Sicherlich bist du nicht der Allererste, der in deinem Sachgebiet bloggt. Spüre einige relevante Blogs auf und behalte sie im Auge. Wenn dir mal nichts einfällt, kannst du hier Themen aufgreifen oder sogar die Meinung anderer Blogger mit einem eigenen Post zur Diskussion stellen.

5   Interviews

Fragen kostet nichts. Und wenn man auf die Fragen noch relevante Antworten bekommt, hat man hervorragenden Blog-Content. Einige deiner Kunden, Mitarbeiter oder Geschäftspartner sind bestimmt Experten auf ihrem Gebiet und werden sich gebauchpinselt fühlen, dass du sie um ein Interview bittest. Stell einfach drei bis fünf Fragen zusammen und schick sie per E-Mail raus. Daraus lässt sich sogar eine regelmäßige Rubrik machen.

6   Visionen

Als Spezialist auf deinem Gebiet hast du sicherlich zu bestimmten Entwicklungen ein Bauchgefühl. Wohin geht die Branche? Gibt es Innovationen, die deiner Meinung nach völlig unterschätzt oder überbewertet sind? Mit einer spannenden Prognose bringst du dich ins Gespräch.

7   Rezensionen

Für jede Branche gibt es Fachbücher. Mache dir ruhig die Mühe, in das ein oder andere auch mal reinzuschauen. Du lernst nicht nur etwas dazu, sondern kannst eine kleine Rezension dazu verfassen. Mit etwas Blog-Erfahrung schreibst du vielleicht bald noch dein eigenes Buch!

8   Gastbeiträge

Ähnlich wie bei den Interviews kannst du auch Gastautoren für deinen Blog gewinnen. Damit hast du nicht nur abwechslungsreichen Inhalt, sondern beweist zudem, dass du gut vernetzt bist und dich auch für andere Meinungen interessierst. Außerdem musst du für einen Gastbeitrag selbst keinen Finger rühren.

9 Soziales Engagement

Gibt es etwas, wofür sich deine Firma sehr engagiert? Seid ihr vielleicht sehr vorbildliche Umweltschützer oder unterstützt ihr einen wohltätigen Verein?

Über solche Themen lässt sich im Blog gut berichten. Aber bitte nicht zu gönnerhaft. Schöner ist, wenn dein Unternehmen mit Expertise oder Produktspenden praktisch hilft. Dann ist der Bogen zum Branchenthema auch wiederhergestellt.

10 Der Blog

Glaub es mir, der Blog selbst wird dir als Inspiration dienen, und zwar auf unterschiedliche Art und Weise. Zum einen kannst du dich selber inspirieren, mit Blick in deine alten Beiträge. Zum anderen wirst du bei einem gut besuchten Blog auch Feedback erhalten, insbesondere wenn du Kommentare zulässt. Die Rückmeldungen deiner Blog-Leser kannst du wieder in neuen Beiträgen aufgreifen und diskutieren. Denke dran, Social Media ist ein Dialog. Reden und zuhören!

Noch mehr Tipps und Ideen für deine Social-Media-Beiträge findest du in Kapitel 5.

Suchmaschinenoptimierung:
Texten für Google & Co.

Trotz allem redlichen Bemühen um gute Inhalte, Mehrwert und Austausch – letztendlich soll sich das Social Media Marketing ja positiv auf dein Geschäft auswirken. Darum geht es natürlich darum, dass die Inhalte, die du auf deiner Website und im Blog produzierst, von möglichst vielen Leuten gelesen werden, damit du oder dein Unternehmen bekannter wird.

Das geht zum einen über die Verbreitung in den Social Media, was wir uns in Kapitel 4 noch genau anschauen werden. Zum anderen sorgen Blog-Beiträge dafür, dass dich mehr Menschen über die Suchmaschinen finden.

In mancherlei Hinsicht funktioniert das Internet nämlich immer noch wie ein stinknormaler Einkaufsbummel: Ein Geschäft auf einer bekannten Einkaufsstraße hat Stammkunden, die immer wieder dort vorbeischauen und einkaufen. Der Löwenanteil des Umsatzes kommt aber durch Laufkundschaft, die gerade auf der Einkaufstraße unter-

wegs ist und durch die Schaufensterdekoration und Reklame auf das Geschäft aufmerksam wird.

Viel anders läuft das im Internet auch nicht. Die Stammkunden sind quasi direkte Zugriffe von Besuchern, die deine Website bereits kennen und sie immer wieder aufrufen. Die Einkaufsstraße in dem Beispiel sind die wichtigen Suchmaschinen, allen voran Google, die über Suchbegriffe (= Leuchtreklame und Schaufenster) neue Benutzer, also die Laufkundschaft, auf die Website leiten.

Nicht umsonst nennt man im Internet-Slang die Besucher einer Website Traffic – das englische Wort für Verkehr.

Um möglichst viele neue Besucher auf deine Website zu bekommen, musst du auf der Haupteinkaufstraße Google möglichst weit oben erscheinen, wenn jemand nach einem passenden Stichwort sucht.

Gibt jemand direkt deinen Unternehmensnamen ein, erscheinst du sicherlich ganz weit oben. Die hohe Kunst ist es aber, bei Suchbegriffen zu deinen Produkten möglichst gut gelistet zu werden, ohne dass dein Name extra genannt wird. Die fiktive Schneiderei Brinkmann in Saarbrücken möchte natürlich bestenfalls ganz oben in den Suchergebnissen erscheinen, wenn jemand nach „Schneiderei Saarbrücken" oder „Änderungen Saarbrücken" sucht, auch wenn der Name Brinkmann nicht eingegeben wird. Denn nur so können neue Kunden über die Suchmaschinen gewonnen werden.

Suchmaschinen benutzen für das sogenannte Ranking, also die Positionierung einer Website in der Ergebnisliste, eine Vielzahl von Faktoren, um die Bedeutung einer Website zu einem Suchwort zu errechnen. Das Geheimnis des Google-Algorithmus ist noch besser bewacht als die Hutsammlung von Queen Elizabeth. Trotzdem ist unbestritten, dass die gezielte Platzierung von Keywords (deutsch

Stichwörter) für ein gutes Ranking wichtig ist. Denn die Suchmaschinen schicken ständig Spider durch das Netz, die Internetseiten durchforsten – auch deine Website! Dabei suchen sie vor allem nach Stichwörtern in den Texten.

>  Auch bei Google kommt man mit dem Guttenberg-Prinzip nicht weit. Texte, die weitgehend von anderen Websites kopiert wurden, werden als Plagiate erkannt und aus dem Suchmaschinen-Index entfernt. Vermeide diesen sogenannten Duplicate Content und erstelle lieber authentische eigene Inhalte.

> **»Spider«** oder **»Searchbot«:** Das ist sind Computerprogramme, die automatisch Internetseiten durchsuchen. Suchmaschinen setzen die Spider ein, um ihre Ergebnislisten ständig auf dem neusten Stand zu halten.

Je nachdem wie häufig und wo die Stichwörter auf einer Website enthalten sind, wird die Seite bei Suchanfragen zu einem Keyword in das Ranking der Suchmaschinen aufgenommen. Dabei berücksichtigt Google auch, ob die Website regelmäßig aktualisiert wird.

Allerdings erwähnte ich ja schon, dass die Algorithmen, die das Ranking bestimmen, höchst komplex sind. Ganz so einfach ist es daher leider nicht. Wichtig sind neben den Keywords vor allem noch die Backlinks.

Frischer Content wird äußerst positiv bewertet! Je weiter oben die Seite erscheint, desto mehr Besucher kommen auf deine Website. Mit deinen Blog-Beiträgen hast du also die Möglichkeit, wichtige Keywords auf deiner Website zu hinterlegen und regelmäßig neue Inhalte zu platzieren.

> **»Backlinks«:** Externe Links oder Rückverweise von anderen Internetseiten auf deine. Das passiert in der Regel, wenn ein anderer Website-Betreiber einen Inhalt auf deiner Seite besonders interessant findet. Dann empfiehlt er deinen Content und setzt auf seiner Internetseite eine Verlinkung dorthin.

Suchmaschinen werten Rückverweise als Empfehlung. Hat eine Website viele Backlinks, bedeutet das für die Suchma-

schinen, dass dort gute Inhalte vorhanden sind, ansonsten hätten sie ja nicht so viele Leute per Verlinkung empfohlen. Die Anzahl und Qualität der Backlinks fließt in das Suchmaschinen-Ranking mit ein. Sucht also jemand zum Beispiel bei Google nach der Kombination „Social Media Buch", werden solche Internetseiten ganz weit oben gelistet, die einerseits die Wortkombination an wichtigen Stellen ent-

halten, und andererseits viele Backlinks zu verzeichnen haben. Hier kommen auch wieder deine Blog-Beiträge ins Spiel. Wenn du es nämlich schaffst, dass deine Blog-Besucher deine Beiträge in den Netzwerken wie XING, Facebook oder Twitter posten, hast du darüber auch noch wertvolle Backlinks erzeugt.

Wer und wie viele Leute auf deine Website verlinken, kannst du im Internet nachschauen. Bei Google musst du einfach in das normale Suchfeld *link* einsetzen und dann direkt dahinter (ohne Leerzeichen) deine Domain.

Dann erhältst du eine Liste mit deinen Backlinks. Noch besser geht es beim Backlink-Checker von SEO-united.de/backlink-checker.

Um die Links deiner Webseite zu prüfen, gibst du einfach die URL deiner Seite (mit http://) sowie den Sicherheitscode ein und klickst anschließend auf Backlinkabfrage starten. Wahlweise kannst du dir auch die Sitelinks oder die Domainpopularität deiner Webseite anzeigen lassen. Auf www.iknow.de verwiesen im Juli 2011 übrigens knapp 2.000 Webseiten.

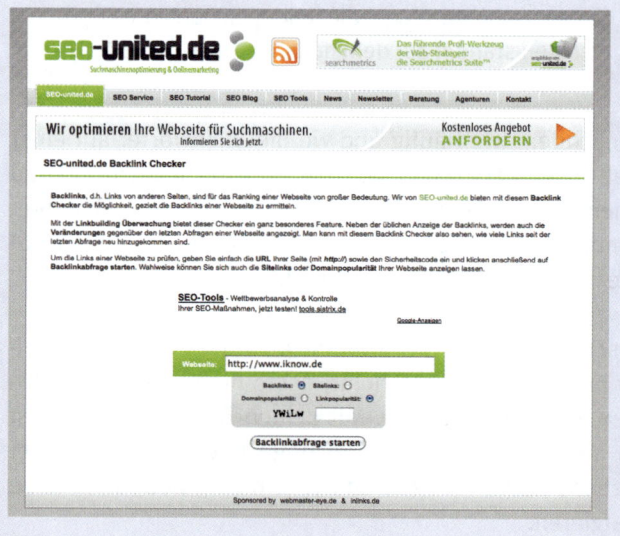

Die Disziplin, die sich ausschließlich damit beschäftigt, bei Google & Co. ganz weit oben zu stehen, heißt Suchmaschinenoptimierung. Darüber kann man weit mehr als ein Buch verfassen, darum beschränke ich mich auf das Wesentliche. Die CMS-Baukästen, die ich dir empfohlen habe, bieten sowieso alle sehr gute Möglichkeiten, deine Website zu optimieren. Die wichtigsten Tricks, wie du die richtigen Keywords findest und wo du sie am sinnvollsten in deinen Website-Texten und Blogbeiträgen platzierst, erfährst du auf den folgenden Seiten.

Gute Keywords, schlechte Keywords

Am Anfang war das Wort – und zwar das Suchwort! Damit du eine Chance hast, bei den Suchmaschinen gut gelistet zu werden, musst du vor allen Dingen die richtigen Stichwörter auf deiner Website hinterlegen. „Richtig" heißt in diesem Fall nicht nur, dass die Keywords zu deinem Unternehmen passen, sondern dass sie auch wirklich bei den Suchmaschinen angefragt werden. Aber beginnen wir erst einmal damit, die richtigen Stichwörter zu finden.

Für die Definition von Keywords bietet sich ein Brainstorming an, in dem alle Wörter notiert werden, die für deine

Marktnische von Bedeutung sind. Wenn du kannst, ziehe ruhig einige Leute hinzu. Mitarbeiter, Kollegen oder Freunde können alle eine gute Hilfe sein. Denn schließlich geht es ja nicht darum, wie du selber dein Unternehmen suchen würdest, sondern wie potenzielle Kunden es suchen würden! Meinungen aus verschiedenen Unternehmensperspektiven oder sogar von Externen können daher wichtige Informationen liefern.

Außerdem bietet sich auch eine kleine Marktbeobachtung an Welche Suchbegriffe nutzen deine Mitbewerber? Im Optimalfall findest du hier bereits eine Fülle von optimierten Keywords, die du einfach übernehmen kannst. Ein Grundgerüst von 20–30 Wörtern ist ein guter Anfang. Die vorhandenen Keywords sollten dann weiter aufgesplittet werden Wichtig sind beispielsweise Kombinationen aus verschiedenen Wörtern.

Mithilfe eines Thesaurus können Synonyme hinzugefügt werden. Aber auch Pluralformen sind eine sinnvolle Ergänzung. Beispielsweise wären für eine Pension auch die Wörter Gasthaus, Hotel und Übernachtung möglich. Je nach Angebot kämen dann noch Wortkombinationen hinzu wie Hotel für Familien, Familienhotel oder Wellness-Hotel etc.

Praktischer Helfer beim Wortschatz der Uni Leipzig bietet Synonyme, verwandte Wörter und ganz viel Inspiration (www.wortschatz.uni-leipzig.de).

Bei einem umfangreichen Produktportfolio können auf diese Weise durchaus mehrere Hundert Keywords zustande kommen. Wenn die Liste erst einmal steht, musst du die Relevanz überprüfen, also wie viele Suchabfragen zu den jeweiligen Begriffen überhaupt abgeschickt werden.

Denn was bringt dir ein noch so treffendes Keyword, wenn es bei den Suchmaschinen nicht gesucht wird? Nicht viel, und vor allem keine neuen Website-Besucher.

Die Keyword-Relevanz lässt sich recht leicht testen, und zwar über das Keyword-Tool von Google. Hier kannst du für jeden Begriff abrufen, wie viele Suchanfragen dazu durchschnittlich gestellt werden. Die Suche lässt sich weltweit, aber auch länderspezifisch durchführen.

Ein Beispiel: Die Wortgruppe „exzellente Präsentation" liest sich vielleicht sehr gut, wird aber im Vergleich zu „professionelle Präsentation" gar nicht gesucht. Das Google-Keyword-Tool hilft dir außerdem, die Keyword-Liste sinnvoll zu ergänzen.

Das Tool liefert nämlich viele zusätzliche Suchwörter, die in Verbindung mit dem ursprünglich eingegebenen Haupt-Keyword gesucht werden.

 Im Google-Keyword-Tool kannst du auch deine Domain eintippen. Dann schlägt das Keyword-Tool Suchbegriffe vor, die zu deiner Website passen. So erhältst du außerdem einen Eindruck, welchen Suchbegriffen Google deine Website bereits zuordnet.

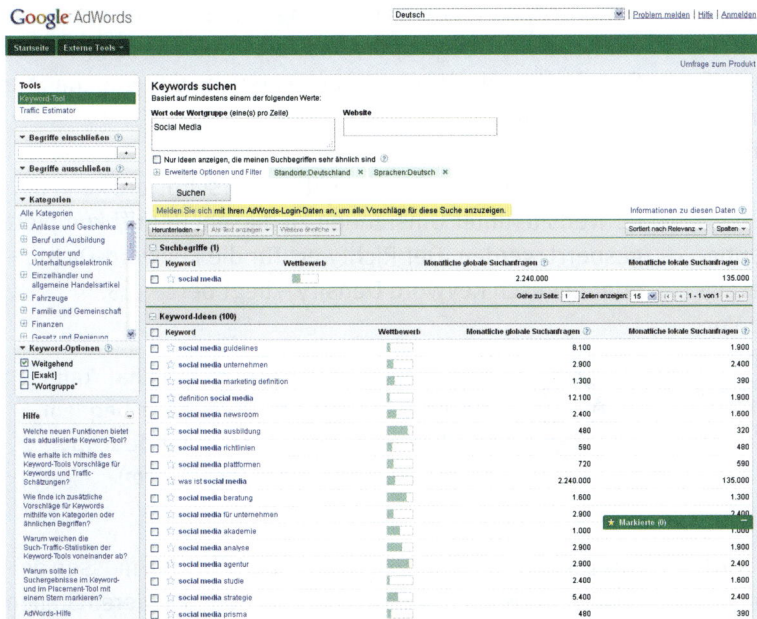

Die Anwendung des Google-Keyword-Tools (http://bit.ly/9FqW8F) ist einfach. Gib im Suchfeld einen Begriff ein, der zu deinem Business passt, klicke auf die Suchtaste, und du erhältst eine Liste von Schlüsselwörtern und Phrasen. In der ersten Spalte findest du dein Keyword und etliche andere thematisch mehr oder weniger passende Wortkombinationen. In der zweiten Spalte wird die Mitbewerberdichte angezeigt, d h. die Anzahl der Konkurrenten.

Suchbegriffe richtig verwenden

Die Keyword-Liste steht? Optimal, dann musst du die entsprechenden Wörter im Content deiner Website unterbringen. Achte darauf, dass du in den Texten und ggf. auch in den Blogbeiträgen immer deine Haupt-Keywords verwendest und dann ergänzend die Wörter, die für die jeweilige Unterseite relevant sind.

Damit die Suchmaschinen deine Keywords finden, müssen sie gut sichtbar verteilt werden.

Besonders Überschriften sind für die Suchmaschinen wichtige Indikatoren, um den Kontext einer Website zu erkennen. Die Wahrscheinlichkeit, dass Keywords in Überschriften von Suchmaschinen interpretiert werden, ist sehr viel wahrscheinlicher, als wenn die jeweiligen Suchbegriffe nur im Fließtext untergebracht sind.

Die wichtigsten Keywords einer Seite sollten daher unbedingt in Überschriften eingefügt werden. Zum Beispiel eignet sich „Wir stellen uns vor" als Überschrift für die Vorstellung der Mitarbeiter im Hinblick auf die Suchmaschinen wenig. Stattdessen wäre „Das Team vom Café König" oder „Ihre Ansprechpartner bei Rechtsanwalt Lemke" sinnvoller, da hier Keywords enthalten sind, nach denen unter Umständen gesucht wird.

Leider ist das, was bei den Suchmaschinen gesucht wird, nicht immer das, was in einem Text besonders elegant wirkt. Richte deine Texte trotzdem nicht zu sehr auf die Suchmaschinen aus, sondern denke daran, dass sie von Menschen – potenziellen Kunden – gelesen werden. Die richtigen Keywords sollten zwar zum Einsatz kommen, aber in einer sinnvollen Art und Weise, sodass die Texte gut lesbar und informativ bleiben.

Außerdem darfst du es nicht übertreiben. Denn erscheint ein Keyword überproportional oft in einem Text, wertet Google das als Manipulationsversuch: das sogenannte Keyword-Spamming.

Werden bestimmte Prozentsätze überschritten, kann deine Website unter Umständen zu diesem Begriff komplett gesperrt werden. Der Richtwert für die Keyword-Dichte – oder englisch Keyword Density – liegt bei 1–3 %.

Wer es mit dem Dreisatz nicht so hat, kann die Keyword-Density auch ganz bequem und kostenlos mit einem Online-Tool überprüfen (*www.keyworddensity.com*).

Abgesehen von den Texten und Überschriften müssen deine Keywords auch noch an verschiedenen anderen Stellen in der Seitenstruktur deiner Website untergebracht werden. Die sind häufig für die Besucher nicht wirklich wichtig und manchmal noch nicht einmal sichtbar. Für die digitalen Adleraugen der Suchmaschinen sind sie dafür umso offensichtlicher!

Wenn du deine Internetseite mit einem CMS-Baukasten erstellst, hast du auf die folgenden Elemente oft keinen direkten Zugriff. Dafür kannst du die Anpassungen meistens in einem eigenen Bereich vornehmen. Suche in den Einstellungen nach einem Menüpunkt für die Suchmaschinenoptimierung. Dort solltest du fündig werden!

Title-Tag

Der Titel der Website ist der wichtigste Teil einer Website, um in Suchmaschinen gefunden zu werden. Im HTML-Code wird er so dargestellt: <title></title>. Dahinter verbirgt sich der Teil einer Website, den man als Titel einer Seite

Der Titel-Tag ist für das Suchmaschinen-Ranking enorm wichtig. Jede einzelne Unterseite sollte einen individuellen Seitentitel erhalten.

ganz oben im Browser-Fenster sieht. Gleichzeitig fungiert der Title-Tag auch als Überschrift in den Ergebnislisten der Suchmaschinen.

Leider hast du hier nicht sehr viel Platz. Meistens sind nur 70 Zeichen, also vier bis fünf Begriffe sichtbar. Nimm hier die wichtigsten Schlagwörter für deinen Geschäftsbereich auf.

Alt-Tag

Grafiken und Fotos könnten mit Alternativtexten, sogenannten Alt-Tags, versehen werden. Die kommen zum Einsatz, wenn ein Bild auf einer Website aus technischen Gründen nicht geladen werden kann. Statt des Bildes steht dann dort der hinterlegte Text, der im Normalfall das Bild kurz erklärt.

Die Suchmaschinen tasten auch diese Alt-Tags ab und ordnen die Bilder darüber thematisch ein. Abgesehen davon, dass du darüber dein Suchmaschinen-Ranking verbessern kannst, fließen deine Bilder ggf. auch in die Bildersuchen der großen Suchmaschinenanbieter ein. Darüber wird mehr Traffic generiert, als man denkt!

Meta-Description

Die Meta-Description ist eine kurze Beschreibung der Website, die in den Suchmaschinenergebnissen von Google abgebildet wird. Die Meta-Description wird heutzutage häufig vernachlässigt, da sie für die Suchmaschinen-Rankings mittlerweile eine untergeordnete Rolle spielt. Trotzdem ist dieser Teil der Seitenstruktur eine gute Möglichkeit, Besucher für die eigene Website zu interessieren. Die Länge der Meta-Description wird durch die Ergebnisanzeige von

Einmal gelistet kann die Meta-Description entscheidend sein, welche Seite die Suchenden letztendlich ansteuern.

Google vorgegeben. Es sind ca. 100–120 Zeichen lesbar, der Rest wird mit „..." abgekürzt. Eine längere Meta Description ist trotzdem sinnvoll, um entsprechende Keywords unterzubringen.

Die erste, lesbare Hälfte sollte aber Hauptaugenmerk sein, denn die Lesbarkeit für Menschen ist hier wichtiger als die Interpretation von Suchmaschinen!

Webanalyse: der gläserne Besucher

Im Internet ist nichts geheim. Wer wie lange zu welcher Uhrzeit von wo auf welche Inhalte zugreift, all das ist für jeden Webseiten-Betreiber offen einsehbar. Dafür gibt es die sogenannte Webanalyse-Tools. Das sind eigenständige Programme, die jede Aktivität, die auf deiner Website stattfindet, genauestens protokollieren.

Damit bieten Webanalyse-Tools hervorragende Möglichkeiten, die Effizienz deiner Website zu beobachten und zu steigern. Mit einer regelmäßigen Auswertung der Statistiken kannst du genau herausfinden, welcher Content bei deinen Besuchern gut ankommt. Für dein Social Media Marketing ist das besonders wichtig, weil du genau siehst, welche Netzwerke dir Traffic auf deiner Website bescheren.

eTracker, Google Analytics, Piwik – es gibt eine Vielzahl von Tools, mit denen du die Nutzung deiner Website ganz genau im Auge behalten kannst. Die Systeme beruhen zum Teil auf verschiedenen Technologien zur Erhebung der Besucherdaten, was aber im Endeffekt für dich wenig Unterschied macht. Das Ergebnis sind detaillierte Berichte zur Nutzung deiner Website. Und die solltest du dir nicht entgehen lassen.

Je nachdem wie groß deine Website ist, kommt das eine oder andere Tool infrage. Google Analytics und Piwik sind beide kostenlos und damit für kleine Unternehmen an erster Stelle. Allerdings beginnt ein kleines Analyse-Paket von eTracker auch schon bei 9,90 Euro und ist damit noch erschwinglich. Für den monatlichen Obolus erhältst du etwas ausführlichere Informationen über die Bewegung deiner Besucher auf der Website.

Falls du dich mit Webanalyse noch gar nicht auskennst, rate ich dir eher, eines der beiden kostenlosen Programme, also Google Analytics oder Piwik, erst einmal auszupro-

bieren. Wenn dir der Nutzen der Statistiken klar geworden ist, und du noch mehr Informationen gebrauchen kannst, ist es ein Leichtes, noch umzusteigen. Außerdem bieten einige der vorgestellten Baukasten-Systeme auch eigene Statistiken an. Auch damit lässt sich schon einiges anfangen, obwohl der Datenumfang im Vergleich zu den großen Analyse-Tools doch deutlich geringer ausfällt.

Um ein externes Tool mit deiner Website zu verbinden, kannst du in den meisten Fällen verschiedene Wege gehen. Das ist abhängig davon, in welchem System du deine Seite baust. Im Normalfall muss man ein kleines Programmierschnipsel in den Code auf der Seite integrieren. Manchmal reicht es aber auch schon, die Identifikationsnummer beispielsweise von Google Analytics in einem Formular zu hinterlegen. Sieh dich dafür einfach auf den Hilfeseiten deines CMS-Baukastens um. Die Integration eines Analyse-Tools ist eigentlich immer möglich.

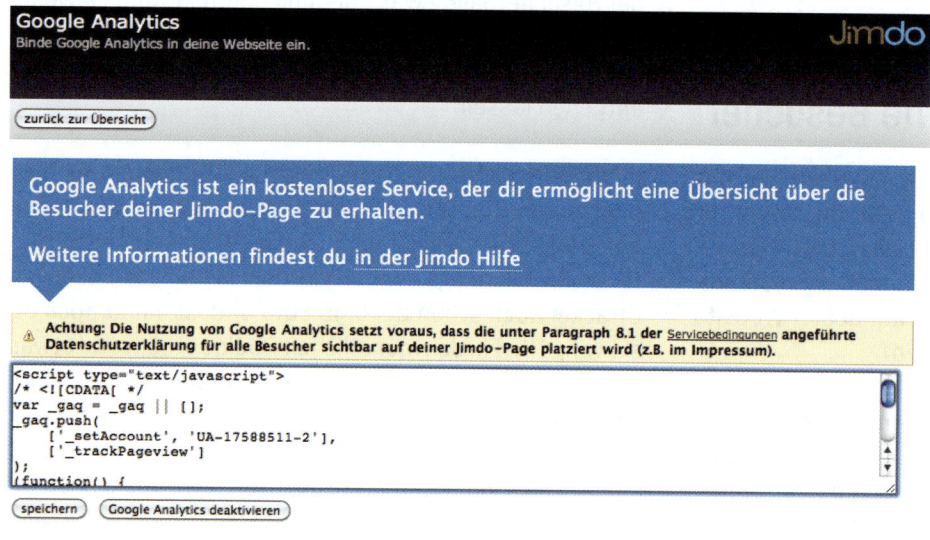

Wie fast alle Baukastensysteme bietet auch Jimdo die Anbindung an Google Analytics an.

Egal, für welches System du dich entscheidest – irgendeine Form der Webanalyse solltest du auf jeden Fall nutzen. Denn diese Auswertungen sind die Basis für dein späteres Social Media Marketing. Schließlich geht es letztendlich darum, neue Besucher auf deiner Website verzeichnen zu können, damit du und dein Unternehmen präsent seid. Ohne diese Statis-

tiken hast du keinen blassen Schimmer, wie effektiv deine Maßnahmen sind.

Für den Einstieg in die Webanalyse sind im Grund fünf Bereiche zentral:

1 Content

Die meisten Analyse-Tools zeigen dir genau, welche Unterseiten auf deiner Website aufgerufen wurden und wie lange sich deine Besucher dort aufgehalten haben. Auch die Ausstiegsseite, also an welcher Stelle sich Besucher von deiner Website entfernt haben, wird festgehalten.

Das sind sehr wichtige Informationen, denn je länger jemand auf deiner Seite verweilt, desto besser ist das. Die Zahlen geben Aufschluss darüber, welche Informationen relevant und interessant sind. So kannst du ganz gezielt deinen Content optimieren.

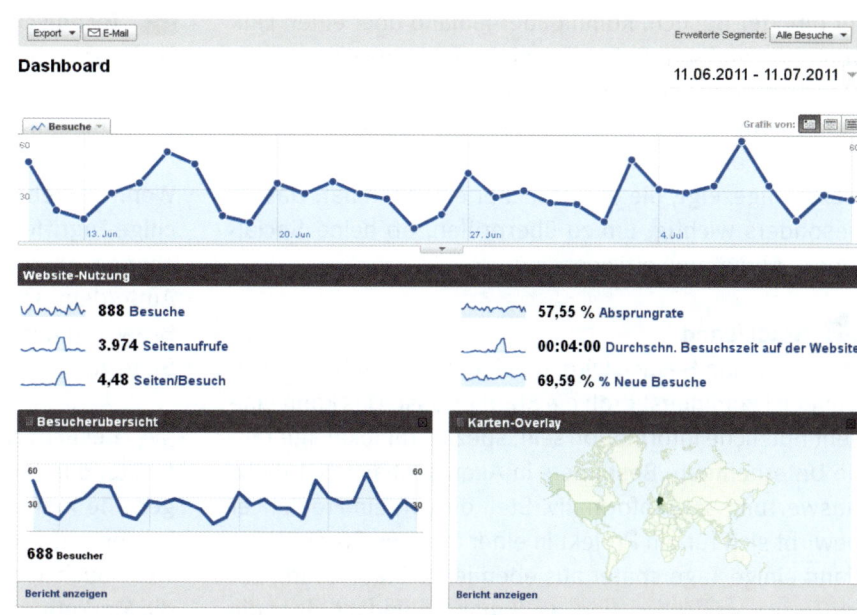

Jeder Website-Besuch wird bei Google Analytics genau festgehalten: Stadt, Browser, Besuchslänge, Seitenaufrufe und einiges mehr lässt sich exakt nachvollziehen.

2 Quelle

Die Quelle ist eine Website, über die Menschen auf deine Seite gelangen. Wenn jemand direkt in den Browser deine URL eintippt, dann ist das ein sogenannter direkter Besuch. Kommt aber jemand über einen Link von einer anderen Seite, beispielsweise aus einem sozialen Netzwerk, dann wird dir das als Quelle angezeigt. Sehr häufig sind auch Suchmaschinen, speziell Google, die Quelle eines Besuchs. Dann werden dir sogar die Keywords angezeigt, die der Besucher eingeben hat. Das ist besonders wichtig, um zu überprüfen, ob deine Social-Media-Aktivitäten effizient sind.

3 Stadt/Land

Jeder einzelne Besuch wird mit einer Ortsangabe erfasst. Damit ist zumindest grob die Stadt erfasst. Das kann eine sehr nützliche Information sein, speziell für lokal agierende Unternehmen. Besonders in Akquisephasen ist diese Auswertung sehr informativ. Stell dir vor, ein Freelancer bewirbt sich für ein Projekt in einer anderen Stadt. Wenn dann einige Tage später aus eben jener Stadt häufig Zugriffe zu verzeichnen sind, weiß man zumindest, dass die Bewerbung gelesen und anscheinend als nicht allzu uninteressant bewertet wurde.

4 Technische Daten

Technische Daten sind zum Beispiel die Internetgeschwindigkeit, der Browser und die Spracheinstellungen, die ein Besucher auf seinem Rechner nutzt.

Wenn du siehst, dass du plötzlich sehr viele englischsprachige Zugriffe verzeichnest, macht vielleicht eine entsprechende englische Sprachversion deiner Website Sinn. Außerdem solltest du deine Website besonders in den Browsern auf Fehler testen, die am häufigsten auf deine Seite zugreifen.

5 Besucherzahlen

Letztendlich geht es darum, deine Benutzerzahlen zu steigern. Je mehr Besucher, desto besser! Darum schau dir immer mal wieder den Verlauf an. Ein stetes Wachstum, wenn auch noch so klein, solltest du mit deinem Social Media Marketing beobachten können. Ansonsten läuft etwas nicht so, wie es soll.

4. Gut vernetzt ist halb gewonnen!

Die Website steht, der Blog ist auf dem neusten Stand. Was nun? Schließlich wollen die frisch polierten Inhalte ja gelesen werden. Neue Kunden, alte Kunden, Konkurrenten und der ganze andere Klüngel – möglichst viele Menschen sollen jetzt davon erfahren. Die Reichweite muss her! Reichweite? Das hatten wir doch schon mal. Wie war das noch? Beim „Tatort" gucken zehn Millionen zu und bei

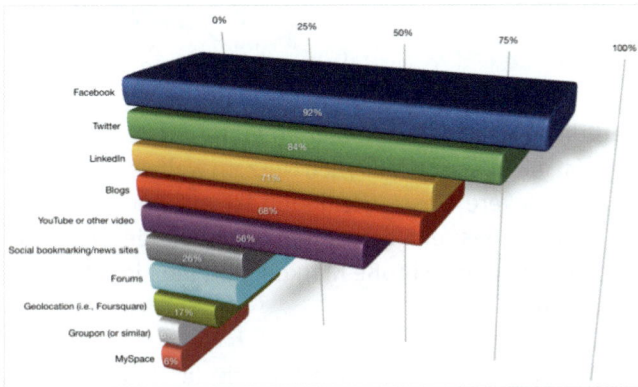

Die meistgenutzen Social-Media-Tools. Quelle Michael A. Stelzner, 2011 Social Media Marketing Industry Report.

„Deutschland sucht den Superstar" sieben Millionen? Das habe ich mir gemerkt. Aber da war ein Haken; und zwar ein sechsstelliger. Jetzt kommen also endlich die Social Media ins Spiel, die kostengünstige Alternative zum Tatort sozusagen.

In diesem Kapitel stelle ich dir viele verschiedene Netzwerke vor und wie sich diese für das Social Media Marketing eignen. Es gibt weit mehr spannende Websites als die üblichen Verdächtigen wie Facebook, Twitter oder XING. Auch Bewertungsplattformen und Verbraucherportale sind gerade für lokale und nischenorientierte Unternehmen wichtig. Nicht alle werden für dich und dein Business geeignet sein. Wir schauen sie uns erst einmal in Ruhe an. Danach geht es dann darum, die richtigen auszuwählen und eine Marketing-Strategie dafür zu entwickeln. Denn gerade wenn du mit Social Media Marketing noch am Anfang stehst, ist es wichtig, dir nicht zu viel aufzubürden, sondern erst einmal ein wenig auszuprobieren, was für dich funktioniert. Also, sei neugierig und lass dich inspirieren!

Top 10: Die meistgenutzen Social Networks in Deutschland

Facebook (38 Millionen Besucher pro Monat) ➊
Weltweit ganz klar Social Network Nummer eins

Wer kennt wen (7,5 Millionen) ➋
OnlineStar „Social-Communitys" (Oktober 2008)

StayFriends (6,8 Millionen) ➌
Virtuelle Klassentreffen von über 70.000 Schulen

SchülerVZ (5,1 Millionen) ➍
Online-Community für Schüler

MeinVZ (4,6 Millionen) ➎
VZ-Plattform für Nicht-Studenten/Nicht-Schüler

Twitter (4,6 Millionen) ➏
Soziales Microblogging mit 140 Zeichen

Jappy (4,3 Millionen) ➐
Deutschlands größtes unabhängiges Netzwerk

Xing (3,5 Millionen) ➑
Business-Netzwerk mit sozialen Komponenten

Fickr (3,2 Millionen) ➒
Das interaktive Fotoalbum der Welt

MySpace (2,9 Millionen) ➓
Wechselte im Juli 2011 für 35 Mio. den Besitzer

Stand: April 2011. Quelle: Google Ad Planner/ MEEDIA

Facebook: Fans millionenfach

Natürlich steht Facebook hier an erster Stelle. Das Netzwerk ist mit über 600 Millionen Nutzern weltweit das größte. Das clevere Geschäftsmodell ist auf kommerzielles Marketing längst eingestellt und daher wundert es nicht, dass es kaum noch große Marken gibt, die hier nicht vertreten sind.

Im deutsprachigen Raum breitet sich das Netzwerk aus wie kein anderes. In Österreich haben 30 % der Bevölke-

Hairdresser on Fire: Das kleine Friseurgeschäft aus Köln hält seine Kunden und insgesamt 329 Fans mit einer Fanseite auf Facebook bei der Stange und auf dem Laufenden.

rung bereits ein Facebook-Profil, in der Schweiz sind es sogar 33 %.

In Deutschland liegt die Quote zwar „nur" bei 22 %, aber was die absoluten Zahlen angeht, ist Deutschland mit fast 19 Millionen Mitgliedern sogar seit Neustem in der Top 10 der Länder, aus denen die meisten Mitglieder kommen!

Allein aufgrund dieser Durchdringung können es sich Unternehmen eigentlich nicht mehr leisten, hier nicht mit einer sogenannten Fanseite vertreten zu sein.

Deine eigene Fanseite erstellen

Nicht nur für große Firmen wie BMW oder Google ist ein Kanal in Facebook praktisch – auch kleine Unternehmen können die Möglichkeiten für sich nutzen. Zu beachten ist dabei zunächst nur ein Unterschied:

Während sich Privatpersonen ein Profil einrichten, kannst du für deine Firma eine individuelle „Seite" (Fanseite) erstellen, die andere Möglichkeiten bietet als ein normales Profil.

Wenn du bereits ein Facebook-Konto hast, kannst du es nutzen, um eine Unternehmensseite einzurichten. Falls du noch kein Konto hast, kannst du direkt ein Unternehmenskonto einrichten. Facebook hat eindeutig festgelegt, dass jede Person nur ein Konto haben darf. Also entweder Unternehmenskonto oder Profil. Du darfst aber als Privatperson ein Profil haben und gleichzeitig Administrator einer Unternehmensseite sein.

Der Link zum Erstellen deiner eigenen Facebook-Seite lautet: https://www.facebook.com/pages/create.php – als Unternehmer kannst du dich in deiner Wunschkategorie anmelden und die Facebook-Seite kostenlos für dein Social Media Marketing nutzen.

Nachdem du dich für eine Kategorie, zum Beispiel *Lokales Unternehmen oder Ort* entschieden und die Daten deines Geschäfts eingegeben hast, ist deine Seite bereits erstellt – aber noch nicht fertig. Im folgenden Fenster kannst du dein Logo hinzufügen und Grundeinstellungen vornehmen.

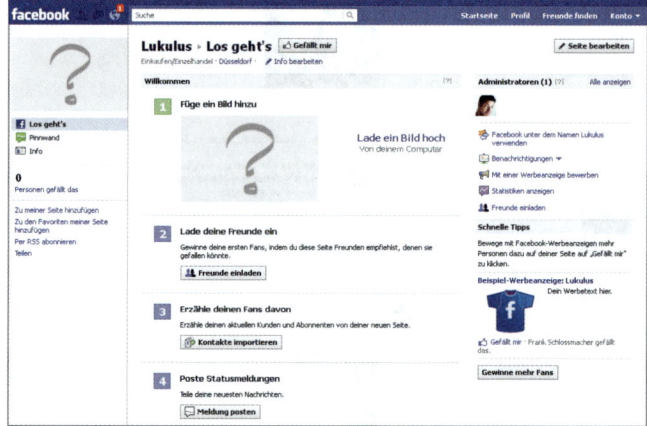

Dein Logo fügst du per Klick auf das Fragezeichen oben links hinzu. In Schritt 2 kannst du deinen Facebook-Freunden mitteilen, dass du eine neue Seite eingerichtet hast. So kommt die Mundpropaganda-Welle in Gang. Details und Infos über die Seite lassen sich oben rechts über SEITE BEARBEITEN hinzufügen. Das kannst du sicher ohne meine Hilfe ausfüllen.

Wichtig ist die URL deiner Seite. Im ersten Schritt hast du ja bereits einen Namen für deine Seite ausgewählt. Die dazugehörige Internetadresse ist lang und kryptisch – das kann sich kein Mensch merken! Sobald du 25 Fans hast, kannst du deiner Seite einen Namen zuweisen.

Gehe dazu auf *https://www.facebook.com/username* und lege einen Namen nach dem Muster „facebook.com/DeineSeite" fest. Denke daran, dass dieser kurz und einprägsam sein sollte – keine Unterstriche, Umlaute oder Ähnliches verwenden! Diesen Namen kannst du nur einmal aussuchen. Danach kann er nicht mehr verwendet oder geändert werden.

Abgesehen davon, dass Facebook mit Abstand die größte Reichweite bietet, gibt es noch einige andere Vorteile für dein Social Media Marketing. Eine der besten Nachrichten gleich vorweg: Die Mitgliedschaft ist auch für Unternehmen absolut kostenlos. Jeder, der möchte, kann sich eine eigene Fanseite einrichten. Andere Mitglieder können dann durch Klick auf den *Gefällt mir*-Button eine Verbindung zu dir herstellen und dein Fan werden. Dadurch werden sie automatisch über alles informiert, was du auf Facebook tust.

Und zu tun gibt es eine ganze Menge, denn Facebook ist multimedial. Du kannst nicht nur kurze Statusmeldungen verfassen, sondern Links posten, Fotos und Videos hochladen und sogar deinen Blog integrieren.

Über deine Aktivitäten erhältst du außerdem noch nützliche Statistiken, mit denen du die Effektivität deines Marketings überprüfen kannst.

Natürlich gehört zum Dialog auf Facebook auch die Reaktion auf Äußerungen deiner Fans und Kunden. Während Kunden im Zeitalter der Briefpost noch Reaktionszeiten von zwei bis vier Tagen akzeptierten, erwarten sie deine Reaktion auf ihre Facebook-Einträge innerhalb von 24 Stunden – je früher desto besser!

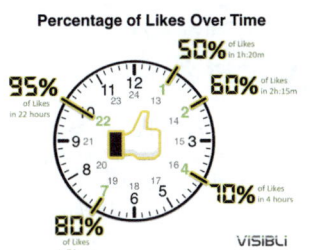

Auch die Reaktion auf deine Facebook-Postings erfolgt nahezu in Echtzeit. Über 50 % der GEFÄLLT MIR-Angaben werden in den ersten 80 Minuten nach deinem Eintrag gemacht.

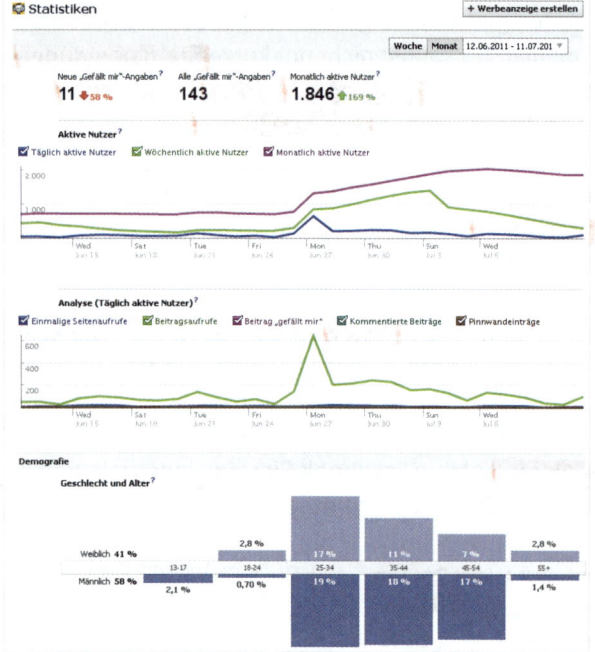

Gläserne Fanseitenbesucher: Facebook gewährt dir (über einen Button oben rechts auf der Startseite) Zugriff auf umfassende Statistiken. Hier kannst du genau ablesen, wie viele aktive User dich besucht haben, wie viele GEFÄLLT MIR-Angaben gemacht wurden, wie oft Seiten und Beiträge aufgerufen worden sind, woher deine Fans stammen und welche Altersstruktur sie haben.

Bis vor Kurzem hießen die Menschen, die eine Verbindung zu einer Fanseite hergestellt haben, Fans. Mittlerweile nennt Facebook diese Leute hochoffiziell „Personen, denen das gefällt".

Bevor ich jetzt aber auf nicht viel weniger schwerfällige Abkürzungen à la „Pddg" umsteigen muss, bleiben wir lieber schicht und einfach bei Fans. Du weißt schon, was ich meine ...

Die Fans also können auf deine Beiträge reagieren, entweder, indem sie den Beitrag per Klick auf den *Gefällt mir*-Button positiv bewerten oder durch Kommentare. So entsteht dann der Dialog, von dem wir schon in Kapitel 2 so viel gehört haben.

Das muss nicht unbedingt nur ein Dialog mit Endkunden sein. Auch mit Geschäftsfreunden, Zulieferern und Kooperationspartnern lässt sich auf einer Fanseite ungezwungen über die Branche plaudern.

Besonders sogenannte Apps sind für Fanseiten interessant, weil sie interaktiv sind und die Fans stärker in das Social Media Marketing einbeziehen.

Eine Seefahrt ist ja bekanntlich lustig. Nicht weniger munter geht es auf der Fanseite des AIDA-Clubschiffs zu.

»App« (kurz für Applications): Das sind Mini-Programme oder Anwendungen, die in die Fanseite integriert sind. Man kann sie auch für mobile Endgeräte wie Smartphones und Tablet-Computer produzieren. Sie sollen dem Nutzer einen Vorteil bringen, und wenn es nur darum geht, dass die App Spaß macht.

Manche Unternehmen binden beispielsweise einen Filialfinder ein oder witzige Tests. Die Idee, die dahintersteckt, ist, dass durch die Apps Viralität erzeugt wird.

»Viralität«: Das hat im Marketing zum Glück nichts mit Viren zu tun. Vielmehr handelt es sich um die Qualität und Geschwindigkeit der Verbreitung von Informationen im Internet. Bietet ein Netzwerk eine hohe Viralität, bedeutet das, dass sich Inhalte schnell und sehr weit verbreiten lassen. Für ein erfolgreiches Social Media Marketing ist Virallität die Grundvoraussetzung.

Wenn du selbst bei Facebook Mitglied bist, kennst du das vielleicht: Über die App einer Bar kannst du beispielsweise herausfinden, welcher Cocktail-Typ du bist.

Das Ergebnis wird dann bei all deinen Freunden angezeigt. Je nachdem wie interessant die App ist, nehmen deine Freunde vielleicht auch noch an dem Test teil, dessen Ergebnis dann wieder bei ihren Freunden verbreitet wird. Und so geht es dann immer weiter. Die Cocktail-Bar kann über die App ihren Bekanntheitsgrad bei neuen Zielgruppen

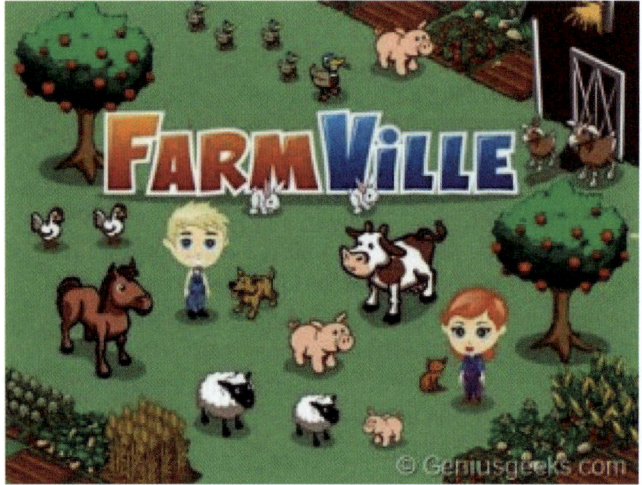

2010 grassierte das FarmVille-Fieber auf Facebook. Zu Bestzeiten waren 70 Millionen Menschen auf dem virtuellen Bauernhof aktiv.

enorm steigern und gleichzeitig Kundenbindung bei bestehenden Kontakten betreiben. Andere Unternehmen bieten Anwendungen, mit denen sich die Nutzer digitale Geschenke machen können, oder entwickeln vollwertige Spiele.

Die Willkommensseite: So begrüßt man (Facebook-)Freunde

Ein weiterer Pluspunkt für Facebook ist das sogenannte Branding. Das Netzwerk bietet viele Möglichkeiten, deine Fanseite dem Look deines Unternehmens anzupassen, beispielsweise soll die Fanseite deiner Website ähneln. Am besten geht das mit einer Willkommensseite. Das ist eine eigens gestaltete und programmierte Seite, die als eigenständiger Inhalt in deine Facebook-Fanseite integriert wird. Der technische Standard, den man dafür verwendet, heißt iFrame, worauf wir aber hier nicht näher eingehen können.

»iFrame« (auch Inlineframe): HTML-Element für die Strukturierung von Webseiten. Es wird benutzt, um spezielle Webinhalte als selbstständige Dokumente in einem definierten Bereich des Browsers anzuzeigen.

 Mit dem Fanpage-Designer von DATA BE-CKER kannst du deine Willkommensseite auch ohne Programmierkenntnisse selber gestalten. Der Editor funktioniert nach dem gleichen Prinzip wie die Website-Builder. Sobald das Design steht, lädst du die Daten einfach zu Facebook hoch. Voilà!

Mit dem Fanpage-Designer für Facebook von DATA BECKER bastelst du dir eine schicke Willkommensseite in nullkommanichts.

Auf einer Willkommensseite kannst du dich gestalterisch völlig austoben. Durch den Einsatz von Bildern und anderen grafischen Elementen wirkt eine Willkommensseite emotionaler als die Standardoberfläche von Facebook. Außerdem hast du noch etwas Platz für einige Zusatzinformationen.

Beispielsweise wollen Facebook-Mitglieder, die noch nicht Fan deiner Seite sind, sicherlich wissen, warum sie Fan werden sollen. Wenn du also besondere Aktionen oder Services auf Facebook anbietest, ist die Willkommensseite der richtige Ort dafür zu trommeln.

Ganz wichtig ist auch eine Handlungsaufforderung (engl.: Call-to-Action). Studien haben bewiesen, dass Werbemaßnahmen, in denen die gewünschte Handlung deutlich formuliert wird, bessere Ergebnisse erzielen. Fordere deine Besucher daher ruhig auf, Fan zu werden. Manche Unternehmen integrieren auf die Willkommensseite sogar einen Pfeil, der auf den alles entscheidenden Button zeigt.

Auf der Fanseite der Rügenwalder Mühle wird man im firmentypischen Design begrüßt. Auch der Call-to-Action und ein Anreiz für potenzielle Fans sind gut untergebracht.

Facebook-Fans sind anspruchsvoll!

Facebook-Fans sind nicht leicht zu haben! Sie haben ganz konkrete Vorstellungen und Erwartungen, das geht aus der Studie Social Media Effects 2010 von TOMORROW FOCUS Media hervor. Und das erwarten deine zukünftigen Fans von dir:

- Aktuelle Neuigkeiten & Information (84 %)
- Direkten Kontakt & Interaktion (50,6 %)
- Vom Fanseiten-Inhaber selbst erstellte Inhalte (49,4 %)
- Exklusive Fan-Angebote (43 %)

Fünf Erfolgsfaktoren für Facebook

1 Profil zeigen!

Bei Facebook hast du wirklich viele Möglichkeiten, eine ansprechende und schöne Fanpage zu bauen. Schöpfe das Potenzial aus, schließlich willst du bei deinen Erstbesuchern Eindruck schinden. Das geht schon beim Profilfoto los – das ist nämlich eines der wichtigsten Elemente deiner Fanseite und darf auf keinen Fall fehlen! Je nachdem, ob du als Person oder als Unternehmen sprechen möchtest, bieten sich natürlich verschiedene Optionen an. Als 1-Mann-

Unternehmen präsentierst du in erster Linie dich selber und deine Kompetenzen. Da darf ein professionelles, aber sympathisches Foto von dir nicht fehlen. Ergänzend kannst du noch Informationen aufnehmen wie zum Beispiel deine Website, einen Slogan, die Kunden-Hotline etc. Unternehmen können stattdessen das Logo unterbringen, aber auch thematisch passende Symbole, Maskottchen oder Hintergründe sind möglich. Zusätzlich zu deinem Profilfoto solltest du auch die Fotoalben nutzen. Was du hier hochlädst, bleibt deiner Kreativität überlassen. Klassiker sind Produktfotos oder Pack-Shots, Bilder vom Unternehmensstandort, den Mitarbeitern oder Veranstaltungen. Im Laufe der Zeit sollte sich hier einiges ansammeln ...

Vor lauter Bildern dürfen wir aber das geschriebene Wort nicht vergessen. Denn natürlich kannst du bei Facebook auch einige Texte unterbringen, und zwar unter *Informationen.*

Abhängig von der Unternehmenskategorie, die du bei deiner Anmeldung auswählst, gibt es hier verschiedene Optionen. Fülle so viel wie möglich aus, und denke bei den Texten auch immer ein bisschen an deine Keywords. Denn Facebook-Seiten werden auch von den Suchmaschinen durchforstet!

Das kurze Leben eines Facebook-Posts

Eine aktuelle Studie von Visibli, einem kanadischen Tool-Produzenten, hat ergeben, dass Facebook-Posts schon in den ersten 80 Minuten mehr als 50 % der *Gefällt mir*-Klicks erhalten. 80 % werden in den ersten 7 Stunden erzielt und 95 % in den ersten 22 Stunden. Danach passiert nicht mehr viel. Die volle Wirkung eines Beitrags wird demnach in maximal einem Tag erreicht.

Sobald du mehr als 25 Fans hast, kannst du deiner Fanseite einen richtigen Namen geben, die sogenannte Vanity-URL. Bitte anfangs Mitarbeiter, Freunde und Kollegen Fan zu werden, denn mit einer knackigen Vanity URL kannst du deine Fanseite sehr viel besser vermarkten: *http//www.facebook.com/user name* (siehe hierzu auch Seite 121)!

Von den Profis lernen: Die Facebook-Fanseite der Social-Media-Expertin Natscha Ljubic überzeugt mit Inhalten und Fotos.

2 Mehrwert, Mehrwert, Mehrwert!

Den Mehrwert und das Prinzip des Teilens haben wir ja längst durchgekaut. Bei Facebook kannst du nun 1A demonstrieren, wie gut du es wirklich verdaut hast. Denn gerade bei Facebook ist der Reichweitenaufbau ziemlich knifflig. Für Fans musst du dich schon ins Zeug legen, ansonsten dümpelt dein Profil mit 17 Fans vor sich hin.

Zeige dich also großzügig. Nicht nur mit deinen Produkten, sondern auch mit Wissen, Aufmerksamkeit und Zeit. Gute Artikel, Links oder Anleitungen können für deine Fans nützlich sein. Noch besser – das muss man zugeben – geht es mit satten Rabatten oder kostenlosen Produktproben. Aber auch Wettbewerbe, bei denen deine Fans vielleicht sogar selber kreativ werden müssen, kommen auf Facebook gut an.

Achtung Facebook hat engmaschige Richtlinien für Gewinnspiele entwickelt. Lies dir genau durch, was erlaubt ist und was nicht. Facebook droht bei Verstößen mit der Suspendierung der Fanseite (*http://www.facebook.com/promotions_guidelines.php*).

3 Tricks den Filter aus!

Ebenso wie Google einen Algorithmus für das Suchmaschinen-Ranking hat, hat Facebook eine Rechenformel für das Newsfeed, die sogenannte EdgeRank-Formel.

Durch eine Vielzahl an Faktoren bewertet Facebook, wie interessant einzelne Beiträge sind, und blendet sie häufiger ein oder aus. Das heißt, deine Fans bekommen bei Weitem nicht alles zu sehen, was du postest! Das ist für die Facebook-Nutzer eine gute Sache, denn so werden sie nicht mit sinnlosem Verkaufs-Bla-Bla zugemüllt.

Als Unternehmen musst du versuchen, deinen EdgeRank möglichst hoch zu halten, indem du zum Beispiel dafür sorgst, dass deine Posts bei den Fans möglichst viel Interaktion erzeugen.

Speziell Klicks auf den *Gefällt mir*-Button und Kommentare sorgen dafür, dass dein Beitrag als relevant eingestuft wird. Um herauszufinden, was bei deinen Fans gut ankommt, kannst du die Statistiken hervorragend nutzen. Behalte die Zahlen also gut im Auge!

Currywurst für alle! Um für die Fanseite des Berliner Straßenführers 5.000 Fans zu bekommen, lockte der Verlag mit einer Runde Currywurst. Der Erfolg stellte sich schnell ein. Das versprochene „Wurstical" für die Fans fand im Mai 2011 statt.

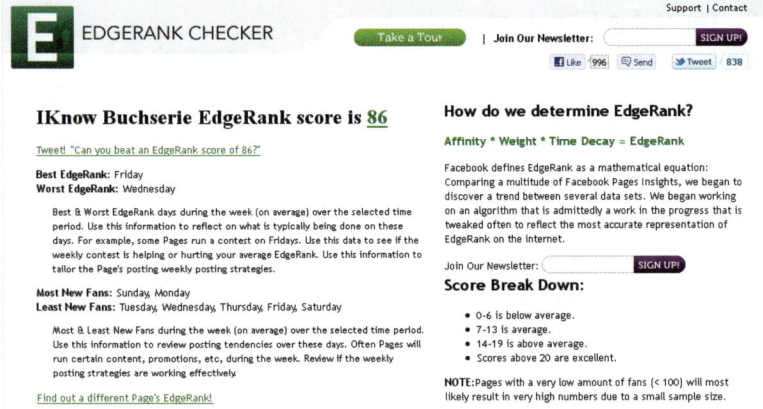

Die Seite edgerankchecker.com verspricht jeder Fanpage eine auf Basis der Insights er-
rechnete Kennzahl, den EdgeRank, zuordnen zu können. Die zugrunde liegende Formel
bleibt dabei geheim. Nach Ermittlung der Kennzahl fordert dich der EdgeRank-Checker
zu einem Wettbewerb auf: Tweet! Can you beat an EdgeRank score of xy?. Die iKnow-Fanseite
kommt übrigens im Juli 2011 auf den recht hohen Wert von 86 kannst du das schlagen?

4 Crossmedia: alle für Facebook

Eine Schwierigkeit ist, dass Unternehmen keine Möglichkeit haben,
Facebook-Mitglieder aktiv auf die Fanseite aufmerksam zu machen.
Das ist nur über die Interaktion der Fans mit deinen Beiträgen möglich,
die für Viralität sorgt. Darum ist die crossmediale Verknüfung deiner
Fanseite umso wichtiger.

»Crossmedia«: Damit bezeichnet man
eine Kommunikationsform, bei der verschiedene Maßnahmen und Inhalte über
mehrere Kanäle miteinander verknüpft
sind. Zum Beispiel bewirbst du dein Produkt auf Facebook, deine Facebook-Fanseite aber auch auf deiner Visitenkarte.

Versuche, den Link zu deiner Fanseite möglichst weit zu streuen. Sobald du eine Vanity-
URL eingerichtet hast, ist das ja problemlos
möglich. Den Link kannst du in deinen Rechnungen unterbringen, auf Katalogen, Flyern,
Einladungen, in den E-Mail-Signaturen, Anzeigen und so weiter.

Dadurch werden zumindest deine bestehenden Kontakte auf deine Facebook-Präsenz aufmerksam. Falls du dich entscheidest, mehreren Social Networks beizutreten, vergiss nicht,
in den Profilen jeweils auch immer die Vernetzung untereinander herzustellen!

Facebook-Banner
Teile Informationen im gesamten Internet

Profilbanner
Teile deine Facebook-Informationen auf anderen Webseiten.

Fotobanner
Teile deine Facebook-Fotos auf anderen Webseiten.

„Gefällt mir"-Banner
Stelle deine Lieblingsseiten auf deiner Webseite oder in deinem Blog zur Schau.

Seitenbanner
Veröffentliche Informationen über deine Facebook-Seite auf anderen Webseiten.

Hole dir hier unsere sozialen Plug-ins („Gefällt mir"-Schaltfläche, „Aktivitäten"-Meldungen) ›

Speziell für die Verknüpfung mit deiner Website bietet Facebook einen bunten Strauß an Buttons, Tools und Bannern. Und weil Facebook in punkto Mehrwert mit gutem Beispiel vorangeht, kannst du die natürlich alle kostenlos nutzen (http//www.facebook.com/badges).

5 Das Facebook-Anzeigen-Tool

Wenn du über ein kleines Werbebudget verfügst, könntest du über eine Kampagne bei Facebook nachdenken. Das Netzwerk bietet ähnlich wie Google ein Anzeigen-Tool an. Die kleinen Werbebanner werden bei den Mitgliedern in der rechten Spalte angezeigt. Bezahlen musst du nur dann, wenn jemand auf dein Werbebanner klickt. Du könntest entweder auf deine eigene Website verlinken oder auf die Facebook-Fanseite, beispielsweise wenn du gerade ei-

ne Mitmach-Aktion oder ein Gewinnspiel laufen hast. Dadurch lässt sich die Fanzahl in kürzester Zeit erhöhen, und das sehr zielgruppengenau. Du kannst nämlich ganz genau auswählen, bei wem deine Anzeige angezeigt wird: Alter, Geschlecht, Wohnort, Interessen …

Sogar ausschließlich die Freunde von deinen Fans lassen sich als Zielgruppe festlegen. Da Freunde und Bekannte ja oft ähnliche Interessen haben, ist das eine interessante Funktion. Sobald deine Zielgruppe die Anzeige wieder und wieder gesehen hat, wird die Klick-Rate fallen und die Kosten-pro-Klick steigen. Um bei Facebook erfolgreich zu werben, solltest du deshalb mit einer Lebensspanne deiner Anzeigen von etwa einer Woche rechnen.

Wenn du das erste Mal Anzeigen bei Facebook buchen möchtest, lege unbedingt ein Tagesbudget fest. Auch wenn du nur pro Klick bezahlst, kann bei den Massen auf Facebook ansonsten ganz schön etwas zusammen kommen, speziell wenn du die Zielgruppe nicht stark einschränkst.

2. Zielgruppe

FAQ zu Zielgruppen von Werbeanzeigen

Ort

Land: [?] | Deutschland ×
- ○ Überall
- ● Nach Stadt [?]

  Münster, Germany ×

  ☑ Einschließlich Städte in [80 ▴▾] Kilometer.

Demografie

Alter: [?] [20 ▴▾] – [55 ▴▾]

☐ Genaue Übereinstimmung des Alters erforderlich [?]

Geschlecht: [?] ● Alle ○ Männer ○ Frauen

„Gefällt mir" & Interessen

Garten × [?]

Verbindungen auf Facebook

Verbindungen: [?]
- ○ Alle
- ● Nur Personen, die keine Fans von IKnow Buchserie sind.
- ○ Nur Personen, die Fans von IKnow Buchserie sind.
- ○ Fortgeschrittene Zielgruppenauswahl nach Verbindungen

Freunde von Verbindungen:
☐ Meine Werbeanzeige nur Freunden von Personen zeigen, die Fans von IKnow Buchserie sind. [?]

⊞ Erweiterte Zielgruppenoptionen anzeigen

Geschätzte Reichweite

480 Personen
- die in **Deutschland** leben
- die im Umkreis von 80 Kilometern von **Münster** leben
- die zwischen **20** und **55** Jahre alt sind
- die **garten** mögen
- die noch nicht mit **IKnow Buchserie** verbunden sind

Solltest du zufällig ein Blumengeschäft in Münster betreiben, dann ab mit dir auf Facebook, denn hier gibt es allein 480 Personen zwischen 20–55 Jahren, die sich ausdrücklich für das Thema Garten interessieren – sagt das Facebook-Anzeigen-Tool (www.facebook.com/ads/create).

Bei Facebook gibt es keine Festpreise für Anzeigen, sondern Auktionen. Facebook schlägt dir nach Eintrag deiner Daten zunächst eine Preisspanne pro Klick vor. Vorsicht: Wenn du hier zu viel bezahlst, rechnet sich deine Investition womöglich nicht. Wenn du allerdings von Anfang an zu niedrig bietest, kann es sein, dass Facebook sich kaum bemüht, deine Anzeigen vielen Menschen zu zeigen. Anzeigen auf Facebook stellen aktuell ein noch wenig erschlossenes Terrain im Internet-Marketing dar und bieten dir angesichts relativ geringen Wettbewerbs bessere Chancen als z. B. Kampagnen mit Google AdWord.

Deshalb sollte deine Strategie sein, innerhalb des von Facebook vorgeschlagenen Bereichs zu bieten, die Anzeige absegnen zu lassen und dann für ein paar Stunden laufen zu lassen. Wenn die Analyse eine gute Klick-Rate ergibt, solltest du deine Gebote langsam niedriger ansetzen, bis das Verhältnis von Klick-Preis zur Konversionsrate stimmt.

Top 10: Die deutschen Facebook-Fanseiten mit den meisten Anhängern

FC Bayern München (1.586.539)
www.facebook.com/FCBayern
❶

Fast & Furious Five (865.417)
www.facebook.com/fast.furious.DE
❷

TV total (807.746)
www.facebook.com/tvtotal
❸

Galileo (695.837)
www.facebook.com/Galileo
❹

WM 2014 - Deutschland... (471.665)
www.facebook.com/GemeinsamZumStern
❺

Kinder Riegel (386.164)
www.facebook.com/ferrero.kinderriegel
❻

ProSieben (385.866)
www.facebook.com/ProSieben
❼

MTV Germany (385.237)
www.facebook.com/MTVde
❽

DSDS - Deutschland sucht (361.335)
www.facebook.com/DSDS
❾

Starbucks Deutschland (292.745)
www.facebook.com/StarbucksDeutschland
❿

Stand: Juli 2011. Quelle: Socialbakers.com

Twitter – Zwitschern für den Erfolg

Mit Twitter ist das ja so eine Sache. Alle reden drüber. ALLE! Die Zeitungen und Magazine sind voll davon. Aber – Hand aufs Herz – wie viele Leute wissen wirklich, worum es da geht? Nicht so viele. Wenn man mal nachhakt, findet man das ziemlich schnell heraus. Trotzdem steht Twitter hier direkt nach Facebook und das hat auch seine Gründe. Aber erst mal ganz von vorne.

Twitter-Basics: Was genau ist Twitter?

Twitter ist ein Kurznachrichtendienst oder auch Microblog. Wie die meisten Portale ist Twitter für die Nutzer kosten-

frei. Im Gegensatz zu Facebook ist Twitter allerdings nicht multimedial. Stattdessen verschicken die Nutzer reine Textnachrichten, und die sind sogar noch extrem kurz. Mehr als 140 Zeichen darf ein Tweet nicht haben.

Das entspricht mehr oder minder der Länge einer SMS. Allerdings ist es möglich, über Apps und andere Internetseiten Verlinkungen auf Fotos, Videos und anderen Webcontent zu verschicken.

Auf einen Tweet kann man zwar antworten, aber man kann nicht direkt kommentieren, sodass kein für alle einsehbarer Gesprächsverlauf entsteht. Man schickt also eher Mini-E-Mails hin und her, um miteinander zu kommunizieren.

Allerdings werden Tweets in der Regel öffentlich verschickt, sodass nicht nur Adressat und Absender sie sehen können, sondern im Prinzip alle mit ihnen verbundene Twitterer. Twitter zählt nämlich auch zu den sozialen Netzwerken, denn die einzelnen Nutzer stellen eine Verbindung zueinander her. Das nennt man „folgen". Und was auf Facebook die Fans sind, heißt auf Twitter entsprechend Follower (dt. Verfolger).

Auf Twitter liest man von unten nach oben! Nach so einem ordentlichen Konversationsverlauf musst du aber ganz gezielt suchen. An sich steht jeder Tweet für sich allein.

Deine Follower erhalten alle Nachrichten, die du auf Twitter absetzt in Echtzeit in ihre Timeline. Umgekehrt erhältst du alle Tweets von Personen, denen du folgst. Im Grunde abonnierst du als Follower sozusagen die Tweets von einzelnen Personen. Die alle laufen dann bunt durcheinander in deine Timeline ein.

»Timeline«: Hier schlägt das Herz von Twitter! Es handelt sich um eine Art Zeitleiste, die sich fortwährend automatisch aktualisiert. Die neuesten Tweets stehen oben. Alle Tweets, die du verschickst, laufen live in den Timelines deiner Follower ein. Dafür gibt es keinen Filter!

Da haben wir auch schon den ersten Marketing-Vorteil von Twitter: Es gibt keinen Filter! Den Filter für die Timeline setzt jeder Twitterer selber, indem er folgt oder eben auch nicht. Solange du also guten Content verschickst, wirst du alle deine Follower theoretisch auch erreichen. Um deine Tweets nicht mehr zu erhalten, müssten sie dir „entfolgen".

»Entfolgen«: Das Wort entfolgen ist zum deutschen Twitter-Start als 1:1-Übersetzung des englischen unfollow geboren. Gemeint ist damit, dass man aktiv das Folgen eines Twitter-Accounts beendet.

Allerdings können auch Leute, die dir nicht folgen, deine Tweets einsehen, dafür muss man sich noch nicht einmal bei Twitter anmelden. Jedes Twitter-Profil hat nämlich ei-

ne eigene URL. Die lautet immer *www.twitter.com/Benutzername*. Solange du dein Profil nicht extra schützt, was als Unternehmen nun wirklich keinen Sinn machen würde, kann jeder x-beliebige Internetnutzer deine Tweets aufrufen. Außerdem kannst du auf dein Twitter-Profil verweisen, von Facebook aus oder von deiner Website. Das Stichwort hieß Crossmedia – du erinnerst dich?! Aber auch über die Twitter-Suche können deine Tweets von Nicht-Mitgliedern aufgerufen werden. Dazu muss man einfach auf der Homepage in das Suchfeld einen Begriff eingeben, und schon erscheinen die aktuellsten Nachrichten, die das Wort enthalten.

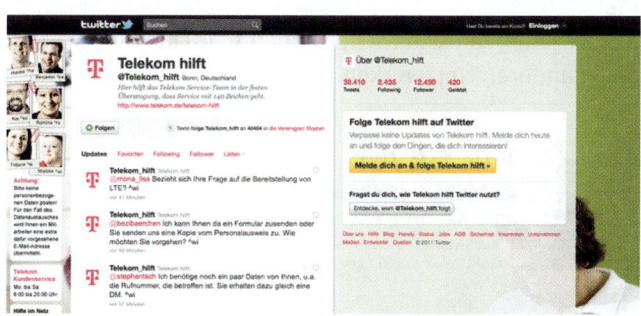

Es klingt zwar etwas ironisch, aber unter dem Namen telekom_hilft gibt der Telefon-Riese tatsächlich sein Bestes. Das Profil ist unter twitter.com/ telekom_hilft für jedermann zugänglich.

Twitter richtig nutzen

Twitterer sind ein ganz besonderes Völkchen. Während Facebook mit seinen 600 Millionen Mitgliedern ja schon zum Mainstream zählt, ist Twitter immer noch sehr speziell. Das Projekt ist aus der Blogger-Szene entstanden, und wie wir ja schon in Kapitel 2 gesehen haben, geht es vielen Bloggern weniger um Kommerz und Kapital. Sie engagieren sich für den freien Zugang zu Wissen und Bildung, Austausch und Vernetzung. Bei 200 Millionen Twitterern weltweit ist natürlich längst nicht jeder in diesem Fahrwasser unterwegs. Trotzdem sind die Erwartungen an Transparenz und Informationswert sehr hoch, ebenso wie die Sensibilität gegenüber plumper Reklame-Tweets. Wer penetrant mit Werbung um sich wirft, ist noch schneller unten durch als in anderen Netzwerken.

Von wegen Stalking! Auf Twitter ist ungefragtes Folgen sogar erwünscht.

 Laut einer aktuellen Twitter-Umfrage liegt das Durchschnittsalter deutscher Twitter-Nutzer bei 32 Jahren. 74 % der Nutzer sind männlich, 78 % haben Abitur.

Dafür ist die Twitter-Szene aber auch sehr offen. Die meisten Menschen kennen ihre Follower oder die Followings, also die Leute, denen sie selber folgen, in der Realität gar nicht. Man stellt also zu völlig fremden Leuten eine Verbindung her und liest deren Nachrichten.

Bei mir ist es so, dass ich von meinen über 3.000 Followern gerade mal zwei wirklich kannte, bevor ich zu twittern begann. Mittlerweile kenne ich vermutlich gut zwanzig persönlich von Twitter-Treffen. Die übrigen kenne ich tatsächlich nur durch den Austausch auf Twitter. Ich schätze, damit liege ich ganz gut im Schnitt.

Spätestens jetzt gucken mich die meisten Leute, denen ich das erzähle, immer ziemlich ungläubig an. Wieso um Himmelswillen folgt man jemandem, den man überhaupt nicht kennt? Das liegt daran, dass Twitter über Themen und Interessen funktioniert, nicht über persönliche Bekanntschaften. Damit ist Twitter eigentlich nur ein einzelner Auswuchs einer Richtung, die das Internet in den letzten Jahren genommen hat. Ständig reden wir über Inhalte, überall müssen Keywords berücksichtigt werden. Das alles hat etwas

Vom virtuellen Miteinander ins reale Leben: Twittagessen sind ungezwungene Treffen hungriger Twitterer zum gemeinsamen Essen. Du kannst hier auch selbst einen Termin anlegen.

damit zu tun, dass sich das Internet einfach immer mehr um Themen, Interessen und Fragestellungen dreht. Die Internetnutzer suchen Antworten und Information, oft genug auch Unterhaltung. Dank der Suchmaschinentechnologie ist all das über Stichwörter zugänglich.

Die Social Media machen es außerdem möglich, dass wir uns mit Gleichgesinnten über Zeit und Raum hinweg austauschen können. Und so kommt es, dass ein Netzwerk wie Twitter entsteht, das genau das anbietet. Die Vernetzung von Gleichgesinnten auf einer Internetplattform.

Auch das macht Twitter für dein Marketing attraktiv, denn hier kannst du in deine Szene eintauchen. Da die Verbindungen über Themenaffinität entstehen, tauschen sich Twitterer mit ihren Followern oft über ein bestimmtes Spektrum aus.

Du kannst also gezielt in den Dialog mit Experten und Interessierten einsteigen, die untereinander vernetzt sind. Dadurch erfährst du zum einen viel schneller von Trends und neuen Entwicklungen in deiner Branche, zum anderen hast du die Möglichkeit, wichtige und einflussreiche Menschen auf dich und dein Unternehmen aufmerksam zu machen.

Ob ein Tweet gelesen wird oder nicht, kommt also auch auf den Zeitpunkt an, zu dem er verschickt wird. Nur wenn deine Follower dann auch eingeloggt sind, werden sie deinen Tweet lesen, denn Twitter funktioniert in Echtzeit.

Sobald bei denen Followern Tweets von anderen Leuten einlaufen, rutscht dein Tweet in der Timeline weiter nach unten.

So sieht eine Timeline aus. Allerdings rutscht der von Toyota gesponserte Werbe-Tweet schon nach wenigen Minuten wieder aus dem Blickfeld.

Am besten ist es natürlich, wenn du es schaffst, dich mit Kompetenz und Sachverstand als Meinungsführer in deinem Spezialgebiet zu etablieren. Eine Prise Humor kann dabei auch nicht schaden.

Das einzige Problem ist die Masse. Weltweit werden pro Sekunde sagenhafte 1.620 Tweets verschickt. Rechnen wir das mal hoch. Das macht 140 Millionen Tweets pro Tag.

Natürlich erhält jeder Twitterer nur einen Bruchteil davon in seine Timeline, trotzdem trudeln bei den meisten Menschen so viele Tweets ein, dass man die Flut schwer bewältigen kann.

Besonders, wenn man mehr als 100 Leuten folgt, und das ist auf Twitter eher eine bescheidene Zahl!

Es gibt einige Websites, mit deren Hilfe du schnell herausfinden kannst, welche Uhrzeit für deine Tweets am besten geeignet ist – mit anderen Worten, wann deine Follower am ehesten online und damit erreichbar sind. Whentotweet liefert sogar noch einen anschaulichen Graphen dazu.

Aber Achtung: Die Anzeige bezieht sich auf die zentraleuropäische Zeit. Für Deutschland musst du eine Stunde drauf rechnen: *www.whentotweet.com*.

Um das Zwitscher-Chaos in den Griff zu kriegen, legen sich viele Leute außerdem Listen mit ihren Lieblingstwitterern an. Und genau da willst du hin: in die Listen! Das klappt aber nur, wenn du authentisch kommunizierst und guten Content bietest.

Grundsätzlich geht es also nicht nur darum, möglichst viele Follower zu bekommen, sondern auch darum, die richtigen, nämlich einflussreiche, aktive Follower zu haben. Wenn dir das gelingt, kannst du auf Twitter wirklich viel bewirken. Schmeißt du aber nur mit Links um dich, wird dir keiner zuhören – schließlich tust du es in dem Fall ja auch nicht.

Twitter in Zahlen

Eine Studie des Social-Media-Dienstes Sysymos hat Ende 2010 erstaunliche Zahlen hervorgebracht und das Phänomen Twitter damit etwas entmystifiziert: Fast 60 % aller Tweets wurden von einer kleinen Gruppe abgesetzt, die gerade mal 2,2 % aller Mitglieder ausmacht. 22,5 % der Twitterer produzierten 90 % aller Tweets.

Damit ist klar, dass auf Twitter eine überschaubare Anzahl von Leuten den Ton angibt und die meisten einfach nur „zuhören". Allerdings hat der Vergleich mit den Zahlen zu

2009 gezeigt, dass die Aktivität deutlich ansteigt und immer mehr Leute auf Twitter mitreden.

Auch die Vernetzung untereinander nimmt zu. Während in 2009 gerade mal 7 % der User mehr als 100 Follower hatten, waren es Ende 2010 schon 16 %! Im Gegensatz zu vielen anderen Netzwerken wie Wer-kennt-wen oder My-

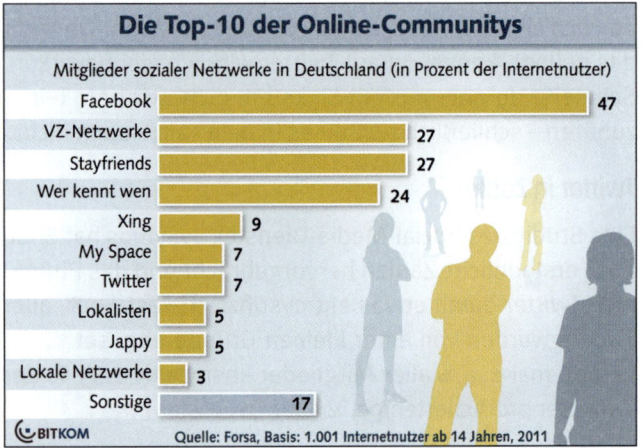

Was die Mitgliederzahlen angeht, ist Twitter in Deutschland noch auf Platz 7. Die davor platzierten Konkurrenten (außer Facebook) wird der Dienst aber schnell überholt haben, denn deren Wachstum ist zumeist rückläufig.

Space, bei denen die Mitgliederzahlen seit Beginn des Facebook-Booms stagnieren oder gar schrumpfen, wächst Twitter enorm. StudiVZ beispielsweise musste zwischen Mai 2010 und Januar 2011 beachtliche Verluste hinnehmen Die Seitenaufrufe brachen um 30 % ein, die Besucherzahlen um 20 %. Bei Twitter werden aktuell an einem durchschnittlichen Tag 460.000 neue Konten registriert.

Was absolute Mitgliederzahlen angeht, schweigt sich Twitter Inc. leider immer ein wenig aus. Man munkelt allerdings, dass knapp zwei Millionen Konten in Deutschland registriert sind. Laut dem Rankingdienst Alexa ist Twitter das zweimeistgenutzte Netzwerk der Deutschen. Und mittlerweile liegt Deutschland weltweit auf Platz 4 der Länder, die den Mikroblogging-Dienst am häufigsten nutzen.

Deutschland ist ein wichtiger Markt für Twitter und dementsprechend hat man hierzulande viel vor. Die Einführung einer deutschsprachigen Benutzeroberfläche war der Anfang. Als Nächstes soll der mobile Zugang zu Twitter weiter ausgebaut werden, sodass nicht nur Besitzer internetfähiger Handys tweeten können. Das funktioniert dann über einen SMS-Dienst, der in vielen Ländern gang und gäbe ist, um Tweets zu verschicken und zu empfangen.

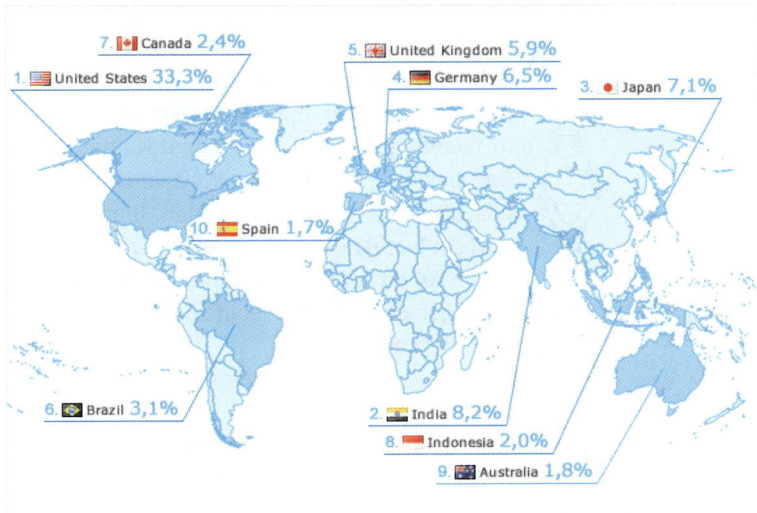

Guck mal, wer da tweetet. 6,5 % des Traffics auf Twitter kommt mittlerweile aus Deutschland.

Zeige, wer du bist

Bei Twitter hast du einige Möglichkeiten, dein Profil mit Persönlichkeit zu spicken. Das fängt schon mit dem Twitter-Namen an. Der Twitter-Name – oder Twitter Handle – ist nicht ganz unwichtig, denn darunter werden deine Tweets verschickt, andere Twitterer verweisen darauf, und in der Suche erscheinst du ebenfalls darunter.

Wenn du das Twitter-Konto für dein Unternehmen nutzt, stellt sich die Frage, ob du unter deinem eigenen Namen oder dem Firmennamen auftreten möchtest. Prinzipiell ist es in den Social Media aber so, dass Personen immer etwas besser ankommen als sprechende Logos. Daher sollte die Person, die twittert, möglichst auch irgendwie in Erscheinung treten.

Bei Twitter gibt es da einen ganz einfachen Kniff: Jedes Profil hat nämlich einerseits einen Twitter-Namen und zusätzlich den „vollständigen Namen". Du könntest also den Firmennamen als Twitter-Namen einsetzen und parallel dazu die twitternde Person nennen.

Gerade für Freiberufler und Kleinstunternehmen ist das ideal. Wenn der Firmenname mit dem Inhabernamen identisch ist, könntest du als Twitter-Namen ein Schlag-

wort nehmen, das zu deinem Geschäft passt und damit auch gleich deine Timeline thematisch positionieren. Je nach Branche darf die Namenswahl ruhig mit einem Augenzwinkern erfolgen. Architekten könnten beispielsweise als @nestbauer tweeten, und eine Steuerberaterin als @zahlenfuchs.

Vorbildlich: Der Malerbetrieb Malerdeck tweetet unter dem Firmennamen, stellt den twitternen Chef aber persönlich vor: https://twitter.com/maler deck.

Beachte bei der Wahl des Namens auch die Zeichenbegrenzung: Twitter-Namen werden durch Antworten und Weiterleitungen oft in Tweets genannt. Ein zu langer Name à la Der_beste_Tanzlehrer_der_Welt würde dabei kostbare Zeichen verschwenden. Immerhin darf ein Tweet nur 140 Zeichen haben. Wie so oft im Leben liegt also auch hier die Würze in der Kürze. Länger als 15 Zeichen sollte dein Benutzername keinesfalls sein!

Als Foto kommt auch hier beides infrage: Ein Firmenzeichen oder die twitternde Person. Viele Unternehmen nutzen eine Mischvariante und setzen als offizielles Profilfoto das Logo ein, erstellen aber eine eigene Hintergrundgrafik mit einem Foto des Twitterers.

Auf der Hintergrundgrafik lassen sich auch noch Zusatzinformationen wie Kontaktdaten und ggf. Links zur Website und anderen Social-Media-Profilen unterbringen. Aber übertreibe es bitte nicht. Zu werblich wirkende Hintergründe kommen bei der Twitter-Community nicht allzu gut an. Nutze den Hintergrund eher, um den Look deines Twitter-

Profils an deine Website anzupassen und beschränke dich auf wichtige Informationen.

Vorsicht: Der Twitter-Hintergrund ist variabel und wird in verschiedenen Bildschirmgrößen unterschiedlich angezeigt. Bei *http://twtbg.me* kannst du testen, ob deine Hintergrundgrafik auf allen Screens funktioniert.

Der Test führt es zu Tage: In kleineren Auflösungen sitzt Reiner Calmunds Lächeln etwas schief.

Was eine Unternehmensbeschreibung mit harten Fakten angeht, hat Twitter leider nur wenig zu bieten. Dafür eig-

net sich nämlich eigentlich nur die Kurzbiografie. Mit gerade mal 160 Zeichen kann man sich hier nicht gerade in epischer Breite ausleben. Einen ganzen Lebenslauf kriegt man in der Kurzbiografie definitiv nicht unter, die wichtigsten Keywords aber schon.

Dieser Friseursalon aus Bad Schwartau nutzt die 160 Zeichen der Kurzbiografie vorbildlich, um Schlüsselbegriffe zu seinem Produkt bzw. Fachgebiet unterbringen. Das kannst du übrigens ruhig auch im Stakkato machen. Auf Twitter weiß jeder, dass jedes Zeichen zählt. Für blumige Umschreibungen ist da meistens kein Platz.

Top 10: Die weltweit beliebtesten Wörter in Twitter-Kurzbiografien

Love
Liebe steht auch bei Twitterern hoch im Kurs **❶**

Life
Die besten Tweets schreibt das wahre Leben **❷**

Music
... makes the world go round! **❸**

Follow
Schlimm! Alle wollen nur das eine: folgen! **❹**

Twitter
Was sonst? **❺**

World
Twitterer sind eben echte Weltbürger ... **❻**

live
... die trotzdem einen festen Wohnsitz haben. **❼**

Student
Zwitschert anscheinend auch gerne **❽**

know
Was man weiß, teilt man den Twitter-Buddies mit **❾**

girl
Da merkt man's: 52 % der Twitterer sind weiblich **❿**

Das Thema Suchmaschinenoptimierung aus Kapitel 3 ist bei der Erstellung deiner Kurzbiografie also wieder brandaktuell. Denn auch bei Twitter spüren die Leute dank der integrierten Suchfunktion interessante Twitterer auf. Twitter selber hat außerdem ein Empfehlungs-Tool, das ebenfalls auf Stichwörtern beruht.

Eine Studie des Software-Unternehmens Hubspot hat ergeben, dass Twitterer, die eine Biografie angegeben haben, im Schnitt achtmal so viele Follower haben wie Twitterer ohne Biografie. Die Chance, dass dir einflussreiche Power-Twitterer folgen, ist sogar 15 Mal höher. Dieses Potenzial solltest du dir als Unternehmen nicht entgehen lassen!

Reichweitenaufbau: bitte folgen!

Bei Twitter hast du als Unternehmen einen ganz elementaren Marketingvorteil: Du kannst andere Mitglieder des Netzwerks aktiv ansprechen. Bei Facebook beispielsweise hast du kaum eine Möglichkeit, als Betreiber einer Fanseite auf dich aufmerksam zu machen. Höchstens über

die Facebook Ads, und die kosten Geld. Bei Twitter gibt es gleich mehrere Möglichkeiten.

Für Unternehmen ist das Folgen ganz wichtig. Du kannst auf Twitter ganz gezielt nach Menschen suchen, die sich für dein Produkt interessieren oder generell in deinem Themengebiet unterwegs sind. Wenn du diesen Leuten folgst, erhalten die meisten Twitterer auf die eine oder andere Weise eine Information darüber, beispielsweise durch E-Mail-Benachrichtigungen.

Wenn du einen spannenden Twitter-Namen und eine Timeline voller guter Tweets zu bieten hast, ist die Chance recht groß, dass dir diese Leute zurückfolgen. Und – zack – schon hast du einen Follower mehr. Aber wie findet man Twitterer, die zu einem passen könnten? Bei mehr als

200 Millionen Twitter-Profilen ist es nicht so leicht, den Spam vom Weizen zu trennen ... Nun, zum einen kannst du die Twitter-Suche nutzen. Unter *search.twitter.com* kannst du die aktuellen Tweets nach Stichwörtern durchsuchen. Leute, deren Tweets deine Keywords enthalten, sind ver-

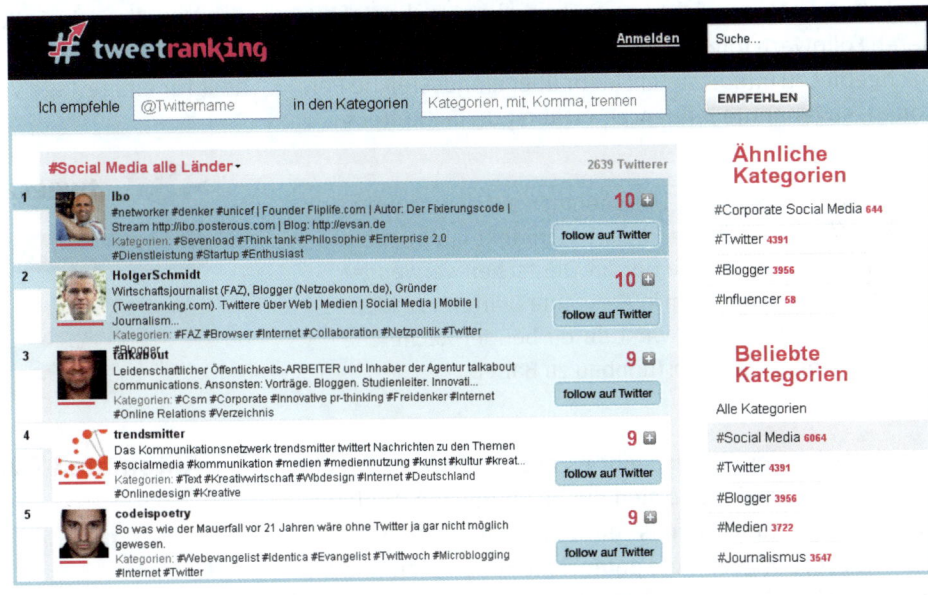

Auf der deutsche Seite tweetranking.com können Twitterer Empfehlungen aussprechen. Durch die Kategorien findest du hier interessante Meinungsführer aus vielen Sachgebieten.

mutlich gute Kandidaten. Schaust du hier regelmäßig rein, wirst du sicher fündig.

Wenn du erst einmal einige Leute aufgespürt hast, die auf Twitter mit einer großen Follower-Schar erfolgreich zu ähnlichen Themen wie du zwitschern, kannst du einfach deren Followern folgen. Denn die scheinen sich ja für dein Sachgebiet zu interessieren. Mehr über einflussreiche Personen, sogenannte Influencer, erfährst du in Kapitel 5.

 Wenn dein Unternehmen auf den deutschsprachigen Raum beschränkt ist, benutze Wörter, die nur im Deutschen verwendet werden, um interessante Twitterer zu identifizieren. Ansonsten wirst du dir bei der Recherche vorkommen wie beim Turmbau zu Babel.

Für diese Art des Folgens gibt es auch Software. Tweet-Later oder Hummingbird sind die bekanntesten Anbieter. In den Programmen kannst du bestimmte Suchkriterien hinterlegen, um geeignete potenzielle Follower zu finden. Das jeweilige Programm folgt dann automatisch diesen Leuten und schmeißt alle wieder raus, die dir nicht inner-

halb einer bestimmten Zeit zurückfolgen. Das ist natürlich eine ziemliche Arbeitserleichterung, aber diese Tools verstoßen gegen die Twitter-Regeln, denn da steht geschrieben: „Die Twitter-Regeln verbieten dir die Nutzung oder Verbreitung von Webseiten Dritter, welche behaupten, dass sie dir mehr Follower verschaffen können!". Ein Verstoß kann damit geahndet werden, dass dein Konto zumindest für einige Tage von Twitter gesperrt wird.

Programme wie TweetAdder vereinfachen den Reichweitenaufbau, sind aber mit Vorsicht zu genießen.

Ob nun händisch oder per Software: Ohne jemandem zu folgen, wirst du dich auf Twitter nicht wirklich beliebt machen. Das gilt eigentlich für alle Twitterer, egal ob sie privat oder beruflich mitzwitschern.

Getreu dem Motto „Folgst du mir, folg ich dir" sind viele sogar der Überzeugung, dass man prinzipiell immer zurückfolgen sollte. Das heißt, dass man jedem neuen Follower ebenfalls folgt. Ein Akt der Höflichkeit sozusagen, schließlich hat ein neuer Follower Interesse an dir gezeigt. Im Gegenzug sollte man also zurückfolgen und sich offen für Neues zeigen. Manche sehen darin sogar eine Art ungeschriebenes Twitter-Gesetz.

Als Unternehmen solltest du erst recht zurückfolgen. Denn Folgen ist ja eigentlich nichts anderes als zuzuhören, und das gehört ja genauso zum Dialog, wie selber etwas zu erzählen. Was du allerdings auf jeden Fall vermeiden solltest, das ist aggressives Folgen, von dem sich andere gestört fühlen könnten. Gemeint ist wiederholtes Folgen und Entfolgen einer großen Anzahl von Nutzern.

Um aggressives Folgen von kommerziellen Konten zu vermeiden, hat Twitter Follower-Grenzen eingeführt. Zunächst kannst du unbehelligt 2.000 Menschen folgen – egal, ob dir selbst jemand folgt oder nicht. Danach muss die Anzahl deiner Followings und deiner Follower ausgewogen sein, damit du weiteren Twitterern folgen kannst.

Twitter hält die genaue Berechnung geheim. Bei einem Verhältnis von etwa 1,2:1 solltest du aber auf der sicheren Seite sein. Das entspricht 2.400 Followings bei 2.000 Followern.

Genauso wichtig wie ein stetiger Anstieg der Follower-Zahlen ist der Aufbau von Interaktion in deinem Profil. Denn was nutzen dir die beeindruckenden Statistiken, wenn sich dahinter nur Karteileichen verbergen?

Es geht viel eher darum, dass du tatsächlich mit anderen ins Gespräch kommst. Das kann beispielsweise dadurch entstehen, dass du etwas Interessantes postest und jemand dazu einen Kommentar an dich versendet. Das solltest du nie unbeantwortet lassen, denn dadurch hast du die Chance zur Konversation!

Im Idealfall werden deine Tweets sogar weitergeleitet, was in der Twitter-Sprache Re-Tweet heißt. Dadurch wird dein

Tweet und damit natürlich auch dein Name bei noch mehr Menschen bekannt, was sich auch wieder auf deine Follower-Zahlen auswirkt.

@schwarzdesign
Oliver Schwarz

Hier ist gerade das neue #Twitter #Buch von @twiwittchen angekommen. Sehr informativ und gut geschrieben.
amazon.de/iKnow-Twitter-...

24 Mai via Twitter for Mac   ☆ Als Favorit markieren ↻ Retweet ↩ Antworten

In diesem Tweet erwähnt

Twiwittchen Barbara Ward
Online-Redakteurin und Autorin von iKnow Twitter. Tweete über Twitter, Social Media, das nächste Buch und das Texter-Leben. Feedback zum Buch? Immer her damit!

Aus aktiven Followern können wichtige Multiplikatoren werden. Dafür musst du aber Zeit und ehrliches Interesse am Austausch investieren.

Scheu dich nicht, dich ruhig auch selbst aktiv einzubringen. Wenn zum Beispiel jemand eine Frage stellt, die in deinen Kompetenzbereich fällt, könntest du doch einfach antworten.

Vielleicht hast du dazu gerade erst einen interessanten Artikel gelesen? Dann teile den Link! Auch Kommentare mit einem Augenzwinkern kommen bei der Twitter-Community gut an.

Die Kontaktbarriere ist bei Twitter sehr niedrig. Wenn du dich erst einmal in die Tonalität im Twitterversum eingehört hast, fällt es dir irgendwann sicher nicht mehr schwer, auch mit völlig Unbekannten über die Branche zu tratschen.

Du musst übrigens noch nicht einmal eine Follower-Beziehung mit einer Person haben, um mit ihr in Kontakt zu treten. Selbst wenn du über die Suche, die Top Tweets oder Re-Tweets über etwas stolperst, das du gern beantworten oder kommentieren möchtest, kannst du einen öffentlichen Tweet an den Absender verschicken. Dafür musst du lediglich ein @ gefolgt von dem jeweiligen Nutzernamen an den Anfang deiner Nachricht stellen, zum Beispiel so @BarackObama.

Auf dem Business-Parkett: XING & LinkedIn

XING

E-Mail (oder Benutzername) Passwort
Angemeldet bleiben   Passwort vergessen?   Anmelden

Kostenlos registrieren:
Vorname
Nachname
E-Mail
Passwort
Ich akzeptiere die Datenschutzbestimmungen und AGB der XING AG.
Registrieren
Bei XING sind Ihre Daten sicher

„XING informiert mich täglich darüber, was in meinem Netzwerk passiert – total spannend!"
Lena Schneider, HR & Recruitment Manager

LinkedIn
Start   Was ist LinkedIn?   Werden Sie heute Mitglied   Anmelden

Über 100 Mio. Fach- und Führungskräfte nutzen LinkedIn, um Informationen, Ideen und Karriere- und Geschäftschancen auszutauschen.

Bleiben Sie auf dem neuesten Stand über Ihre Kontakte und Ihre Branche

Finden Sie gezielt die Personen und das Fachwissen, um Ihre Ziele zu erreichen

Verwalten Sie Ihr Karriereprofil online

Werden Sie heute Mitglied von LinkedIn
Vorname:
Nachname:
E-Mail:
Passwort:
Mindestens 6 Zeichen
Jetzt Mitglied werden
Bereits Mitglied bei LinkedIn? Melden Sie sich an.

Personen nach Namen suchen: Vorname Nachname Los

Was früher schlichtweg „Klüngel" hieß, nennt man heute weitaus eleganter „Netzwerken". Gemeint ist damit, dass man in Karriereangelegenheiten auf Bekannte, Ex-Kollegen und Freunde zurückgreift. Beispielsweise wenn man eine Stelle im Unternehmen zu besetzen hat. Anstatt sich mühselig durch Hunderte von Bewerbungsunterlagen zu blättern, könnte man einfach die sympathische Schwägerin des Nachbarn einstellen, die abgesehen von einer passenden Qualifikation auch noch durch eine persönliche Empfehlung punkten kann.

Da lebenslange Karrieren in ein und demselben Unternehmen selbst bei der guten, alten Telekom aussterben und die Anforderungen im Arbeitsalltag immer spezialisierter werden, nimmt das eigene Job-Netzwerk an Bedeutung für die individuelle Karriereplanung zu.

Auf diesen Bedarf haben die Business-Portale reagiert, allen voran XING und LinkedIn. Während XING mit 10,5 Millionen Mitgliedern besonders im deutschsprachigen Raum sehr stark ist, positioniert sich LinkedIn als internationales Netzwerk: Satte 100 Millionen Mitglieder kommen aus über 200 Ländern.

Besonders stolz ist LinkedIn darauf, dass Führungspersönlichkeiten aus allen Fortune-500-Unternehmen des Jahres 2010 zu den Mitgliedern zählen. Allerdings hat LinkedIn gerade mal eine Million Mitglieder aus deutschsprachigen Ländern zu verzeichnen.

Glaubt man den Unternehmensinformationen, ist das weltweite Wachstum des Portals jedoch enorm. Jede Woche sollen sich eine Million neue Mitglieder bei LinkedIn registrieren. Da sind sicherlich auch einige Deutsche darunter.

Die Mitglieder auf den beiden Business-Plattformen nutzen ihre Profile in den allermeisten Fällen rein geschäftlich. Partyfotos und den aktuellen Beziehungsstatus sucht man hier vergeblich. Stattdessen gleichen die Profile eher einem digitalen Lebenslauf, wie oft schon das durchgestylte Profilfoto vermuten lässt.

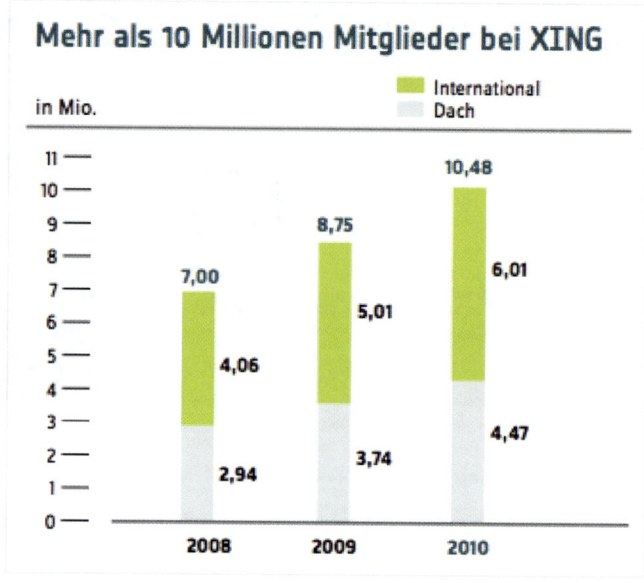

Von den gut 10 Millionen XING-Mitgliedern kommen über 40 % aus den drei deutschsprachigen Ländern (D-A-CH-Region).

Die Verbindungen kommen ähnlich wie bei Facebook durch eine beidseitige Zustimmung zustande. Auch wenn schon mal der eine oder andere Schulkamerad in den Kontakten auftaucht, vernetzen sich die Mitglieder hier mehrheit-

lich mit aktuellen oder ehemaligen Kollegen, anderen Seminarteilnehmern und Geschäftspartnern. Mit der Zeit kommt dann eine hübsche Anzahl von nicht selten über 200 Kontakten zusammen. Die Visitenkartenbox hat damit ausgedient. Telefonnummern, E-Mail-Adressen und Ansprechpartner lassen sich bei den Businessnetzwerken viel effizienter und staubfreier archivieren. Beide Plattformen bieten neben den Personenprofilen auch Unternehmensseiten an. XING hat diese Funktion erst Mitte 2009 eingeführt. Bereits nach einem Jahr gab es allerdings schon 40.000 solcher Firmenprofile. Seit 2010 können auch 1-Mann-Unternehmen eine solche Unternehmensseite bei XING anlegen.

Abgesehen vom Design unterscheiden sich die Unternehmensprofile von LinkedIn und XING inhaltlich kaum. Beide bieten einen Überblick mit detaillierten Informationen zum Unternehmen: Ansprechpartner, Mitarbeiter, Statistiken, Jobs sowie die vom

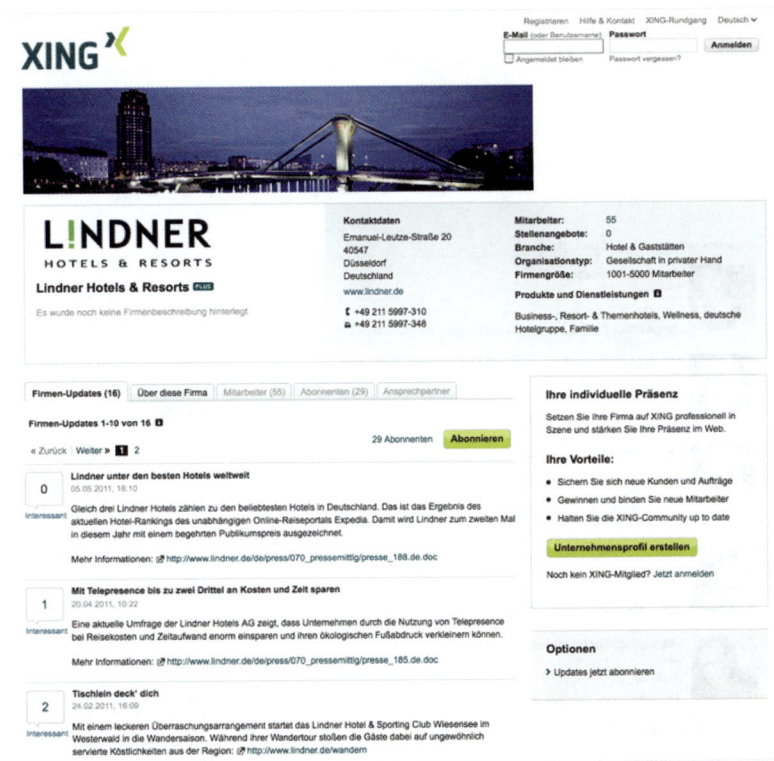

Bei XING steht das Unternehmen im Vordergrund. Erst über Klick auf den entsprechenden Reiter werden die Mitarbeiterprofile sichtbar.

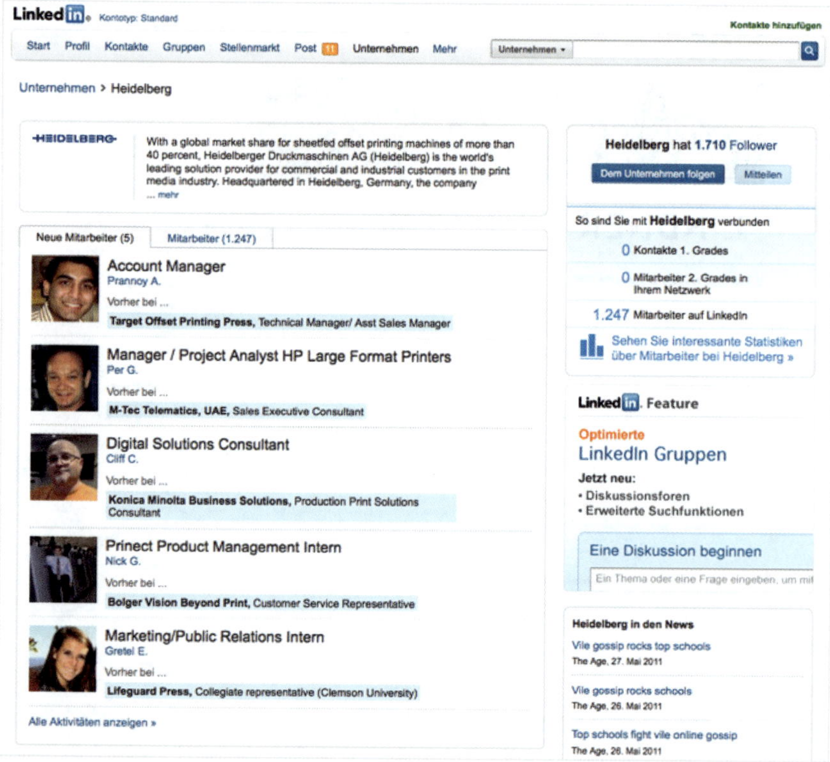

LinkedIn setzt auch bei den Unternehmensseiten auf Gesichter und Personen. Mehr als zwei Millionen Unternehmen weltweit nutzen diesen Service.

Unternehmen eingestellten Updates und Aktivitäten. Andere Mitglieder können die Aktualisierungen abonnieren, um sich über das jeweilige Unternehmen stets auf dem Laufenden zu halten. Allerdings ist bei der internationalen LinkedIn-Gemeinde das Unternehmensprofil etwas bekannter und wird von den Mitgliedern aktiver genutzt. Dafür besticht das Firmenprofil von XING definitiv durch einen schickeren Look.

Sowohl private Profile als auch Unternehmensseiten gibt es bei XING und LinkedIn jeweils als kostenlose Basis-Variante. XING bietet noch kostenpflichtige Premium- und Recruiter-Mitgliedschaften und zusätzliche Features für die Unternehmensseite. Bei LinkedIn gibt es ebenfalls weitere Bezahlformen, die jedoch noch weiter aufgesplittet sind. Wenn du hier als neues Mitglied einsteigen willst, starte zunächst mit den kostenlosen Versionen und teste in Ruhe, ob und welches Bezahlpaket für dich infrage kommt.

Karriereportale: Der Name ist Programm

In den Karriereportalen lässt sich auch einiges an unnützem, aber doch interessantem Wissen zusammentragen. Beispielsweise hat LinkedIn herausgefunden, dass die beliebtesten weiblichen Vornamen im internationalen Top-Management Deborah, Sally, Debra, Cynthia und Carolyn lauten. Ihre männlichen Kollegen schmücken sich mit eher knackig-kurzen Namen. Die Top 5 der männlichen Alpha-Tierchen wird nämlich von Peter angeführt, gefolgt von Bob, Jack, Bruce und Fred.

Imagearbeit in Business-Portalen

XING und LinkedIn unterscheiden sich zwar in vielen Details, in den Grundfunktionen sind sie sich jedoch sehr ähn-

lich. Das gilt auch für die Marketing-Möglichkeiten, die den Unternehmen geboten werden.

Zunächst empfiehlt es sich, ein persönliches Profil anzulegen. Wenn mehrere Mitarbeiter aus einem Unternehmen bei XING angemeldet sind, sollte man sich untereinander vernetzen und eine einheitliche Schreibweise für den Firmennamen verwenden.

Gerade Kleinstunternehmen, deren Geschäft stark mit der Person verbunden ist, profitieren durch eine bessere Auffindbarkeit bei den Suchmaschinen. Profile bei XING oder LinkedIn werden nämlich sehr gut gerankt. Wird also der Name einer deutschen Ergotherapeutin bei Google gesucht, erscheint nicht selten das XING-Profil als Allererstes.

Durch die von dir gestalteten Profile bei den Business-Plattformen stellst du sicher, dass bei möglichen Suchanfragen zu deinem Namen, seriöse Informationen auftauchen: Informationen zur Qualifikation, Kompetenzen und Berufserfahrung.

Gerade bei LInkedIn hast du viele Möglichkeiten, das eigene Profil mit Zusatzinformationen aufzumotzen. Du

kannst sogar deinen Blog oder Präsentationen integrieren. Alles zusammen ergibt dann sozusagen deine digitale Visitenkarte.

 Dafür musst du dein Profil allerdings so einstellen, dass es auch für Nicht-Mitglieder abrufbar ist. Ansonsten wird dein Profil nur bei Suchen innerhalb des jeweiligen Netzwerks angezeigt.

Es ist gut möglich, dass deine Präsenz bei XING oder LinkedIn besser bei den Suchmaschinen gerankt wird als deine Website. Vergiss daher auf keinen Fall, hier einen Link zu deiner Internetseite unterzubringen. Damit kannst du Besucher von dem Profil direkt auf deine offizielle Firmen-Website leiten.

| 10 | Ihr Profil wurde in den letzten 90 Tagen von 10 Personen angesehen. |
| 11 | Sie wurden in den letzten 15 Tagen 11 Mal in Suchergebnissen angezeigt. |

Wertvolle Informationen: Bei XING und LinkedIn erfährst du ganz genau, wer auf deinem Profil war und wie die Besucher zu dir gekommen sind.

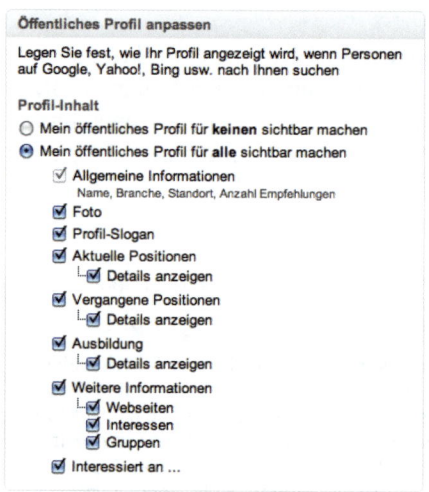

Für Unternehmen ist ein öffentliches Profil eigentlich Pflicht. Wer als Einzelperson nicht so viele Details zugänglich machen möchte, kann in den Einstellungen auch nur bestimmte Informationen freigeben.

Ein wesentlicher Faktor der Business-Portale ist, dass dort gezielt nach geeigneten Kooperationspartnern, freien Mitarbeitern und neuem Personal gesucht wird. Damit du bei diesen Suchen nicht durch das Raster fällst, sind wieder – du ahnst es sicher schon – Keywords wichtig. Achte also auch hier wieder darauf, dass du an den richtigen Stellen

Begriffe unterbringst, die man verwenden würde, um nach jemanden wie dir zu suchen.

Persönliches

Ich suche	Kontakte im internationalen Marketing, Projekte und Kooperationspartner aus den Bereichen Marketing, Kommunikation, Krisenmanagement und Post-Merger Integration, interessante Herausforderungen, alte und neue Bekannte
Ich biete	Umfassendes Marketing Know-how auf internationaler Ebene im strategischen und operativen Marketing, Erfahrungen im Projektmanagement, in der internen und externen Kommunikation im Rahmen von Post-Merger Integration, im Krisen-Management, Erarbeitung von CSR Konzepten und Maßnahmen, ausgezeichnete Englischkenntnisse (Auslandserfahrung USA + Kanada), Spaß an der Arbeit

Auch bei den Karriere-Portalen dreht sich wieder alles um die richtigen Suchwörter.

Bei XING sind dafür die Felder „Ich suche" und „Ich biete" ideal. Stichwörter reichen völlig aus, denn sie sind übersichtlicher als lange Texte und werden von der Suchfunktion besser erfasst. Deine Keywords trennst du am besten mit Kommas. Zum Beispiel so: „Vertriebspartner, Coaching, Linux, Personalberatung".

 Ein Extra-Tipp an die Damen: Bei geschlechterneutralen Suchen wird im Deutschen häufig die maskuline Variante einer Berufsbezeichnung gewählt, z. B. Rechtsanwalt, nicht Rechtsanwältin. Bei XING werden bei diesen Anfragen aber nur Profile angezeigt, die genau dem Suchwort entsprechen. Das weibliche Pendant wird nicht in der Ergebnisliste erfasst. Texterinnen, Therapeutinnen und Managerinnen sollten sich daher überlegen, ggf. die maskuline Form im Profil zu verwenden, um schlichtweg häufiger gefunden zu werden!

Als Mitglied solltest du dich zumindest ab und zu auch etwas engagiert zeigen und nicht nur wie die Prinzessin auf der Erbse darauf warten, dass dir die Aufträge dank

deines schicken Profils nur so in die Inbox flattern. Dafür gibt es in beiden Portalen die Statusmeldungen. Die funktionieren im Grunde genauso wie bei Twitter oder Facebook. Darin lässt sich einiges unterbringen: Links zu selbstverfassten Artikeln oder über dein Unternehmen, Informationen zu Messebesuchen und Konferenzteilnahmen oder auch Hinweise zu offenen Stellen.

Allerdings ist es schon so, dass die Business-Portale von vielen Mitgliedern eher für die Recherche und Sammlung von Kontaktdaten genutzt werden. Die Ansprachen laufen oft über direkte Nachrichten, die wie E-Mails innerhalb des Netzwerks verschickt werden.

Was öffentliche Aktivitäten angeht, ist man hier noch etwas zurückhaltender als in den privat genutzten Netzwerken. Mit den Status-

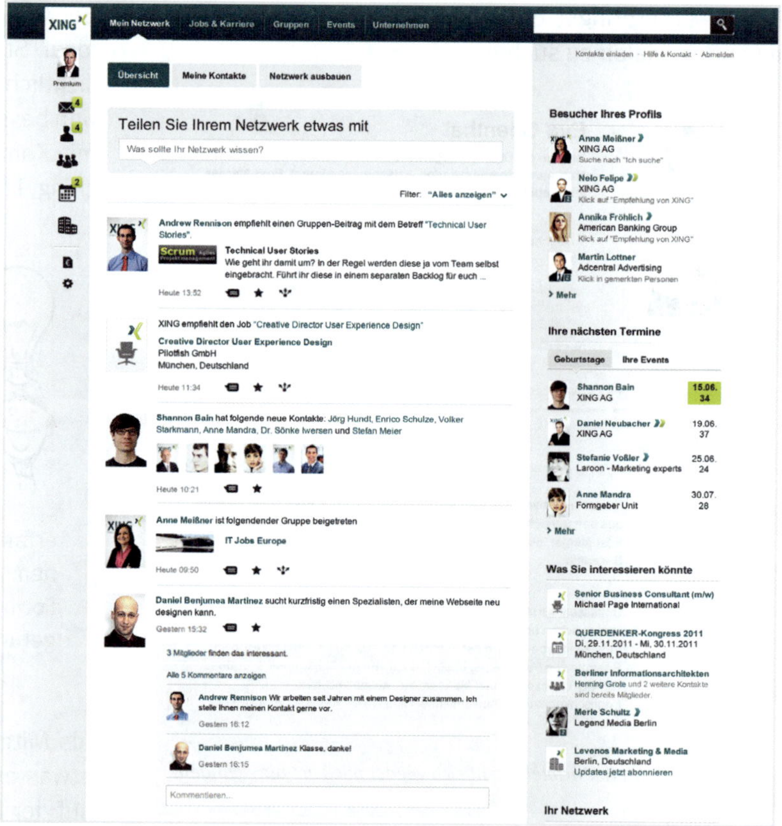

XING ist seit Juni 2011 mit einer neuen Benutzeroberfläche online. Den Nutzeraktivitäten wird deutlich mehr Raum gegeben. Das Portal setzt verstärkt auf Interaktivität.

meldungen solltest du es daher etwas langsamer angehen lassen, um deine Kontakte nicht zu überfluten.

Eine Funktion, die bei beiden Netzwerken recht etabliert ist, sind die Gruppen. Beide Netzwerke haben einige Zehntausende davon. Grob kann man die Gruppen in branchenorientierte und regionale Gruppen einteilen. Die Bandbreite reicht von Alumni-Gruppen von Universitäten und Unternehmen über international ausgerichtete Gruppen wie beispielsweise die XING-Gruppe „Global Exchange" in der weltweite Business-Kontakte im Vordergrund stehen, bis hin zu Karrieregruppen wie „Bewerbung & Recruiting", wo sich bei XING knapp 45.000 Mitglieder zu Themen wie Karriere, Bewerbungsgespräch oder Arbeitsrecht informieren.

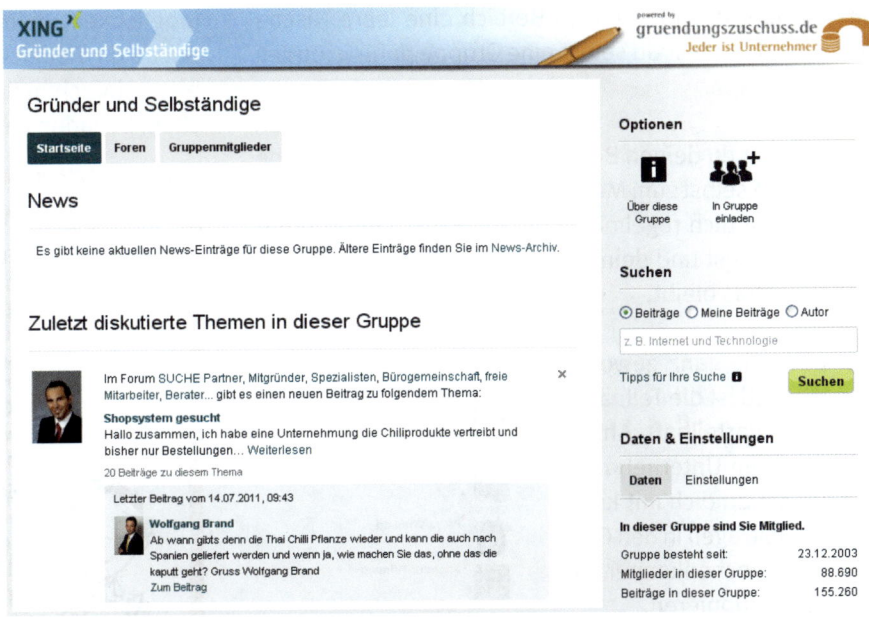

Die Gruppe „Gründer & Selbständige" ist mit über 88.000 Mitgliedern eine der größten auf XING.

In den Gruppen kannst du dich mit Branchenkollegen austauschen und neue Kontakte in der Region oder deinem Fachbereich knüpfen. Mittlerweile gibt es auf den Karriereportalen kaum noch eine Gruppe, die es nicht gibt.

Falls du aber doch in deinem Bereich eine leere Nische entdeckst, könntest du selbst eine Gruppe dafür gründen und moderieren.

Damit kannst du deinen Bekanntheitsgrad in der Branche steigern und selbst zum Meinungsführer werden. Natürlich nur, wenn du dich regelmäßig mit relevanten Informationen einschaltest und deine Moderation nicht nur ein Lippenbekenntnis bleibt.

Aber auch als ganz gewöhnliches Mitglied ist die Teilnahme in Gruppen vorteilhaft. Ähnlich wie mit einem Unternehmensblog kannst du dich mit konstruktiven Beiträgen in den Gruppen als Branchenkenner und Experte positionieren.

Da die Gruppen auf Wunsch auch von Suchmaschinen gefunden werden, hast du damit außerdem noch eine weitere

LinkedIn weist in den Gruppen die aktivsten Teilnehmer wöchentlich aus. Über diese Funktion lassen sich wichtige Multiplikatoren in deiner Branche identifizieren.

Möglichkeit, deine Sichtbarkeit im Internet zu erhöhen. Suche dir vielleicht drei bis fünf aktive Gruppen und probiere einfach mal aus, ob dir die Diskussionen Spaß machen. Schaden kann's auf keinen Fall.

Arbeitgeber-Marketing mit XING und LinkedIn

Für kleine Unternehmen ist es oft nicht einfach, qualifiziertes Personal zu bekommen, da die großen Konzerne mit besseren Konditionen locken. Und auch der Mittelstand ist nicht erst seit gestern vom Fachkräftemangel betroffen. Im Wettkampf um die Top-Kandidaten sind die Karriere-Portale ein wichtiges Instrument geworden, denn viele Bewerber informieren sich hier über potenzielle Arbeitgeber.

Eine Präsenz, die sowohl die Fachkompetenz vermittelt als auch Karriereoptionen und Unternehmenswerte, kann bei Personalsuchenden einen positiven Eindruck von dir als Arbeitgeber vermitteln. Dabei sind die Profile der bestehenden Belegschaft genauso wichtig wie eine eigene Unternehmensseite. Vielleicht lohnt sich ja auch die Gründung einer Unternehmensgruppe.

Meinungsmache mit QYPE, yelp & Co.

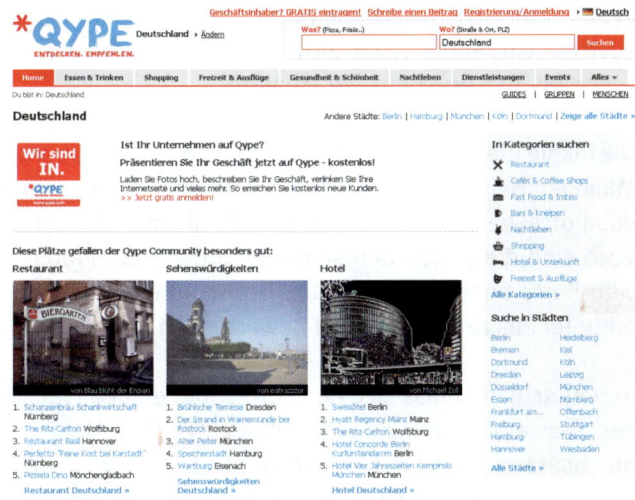

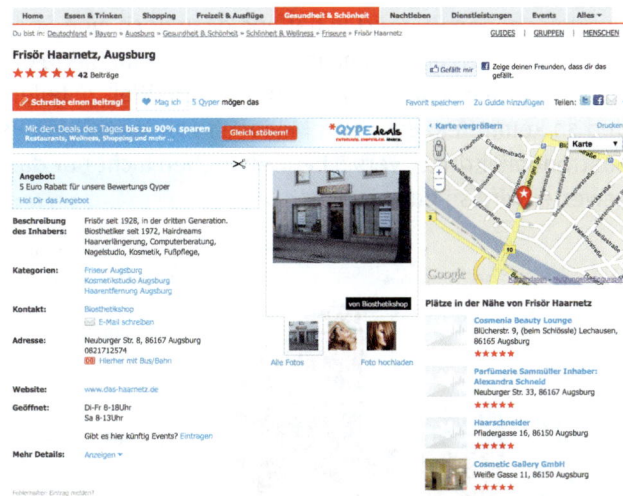

fangsdame leicht eingefroren? All das lässt sich prima auf sogenannten Empfehlungsportalen kundtun. Aber nicht nur das – die meisten Bewertungen sind in der Tat positiv.

Egal ob Blumenhändler, Sushi-Bar, Kindertagesstätte, Schlüsseldienst, Anwaltskanzlei oder Apotheke. Nichts und niemand ist mehr vor der knallharten Verbrauchermeinung sicher. War der Salat nicht grün genug? Ein Haar im Abfluss der Fitness-Studio-Dusche? Das Lächeln der Emp-

Der Augsburger Friseur Haarnetz freut sich über 42 Beiträge und ein 5-Sterne-Rating. Bei so einem Top-Ergebnis bin ich schon fast versucht, die 500 Kilometer lange Anreise in Kauf zu nehmen.

Die Grundidee der Portale besteht nämlich darin, dass die Nutzer von den Erfahrungen der anderen Mitglieder profitieren können. Es geht nicht darum, Unternehmen runterzumachen.

Hat jemand ein neues Restaurant aufgetan, das einen wunderschönen Biergarten hat und dazu noch eine Speisekarte, die verzückt, dann ist es doch ganz im Sinne der Web-2.0-Erfinder diese Entdeckung mit der Welt zu teilen. Und so kommt es, dass sich Millionen von Menschen als Gastronomiekritiker versuchen. Aber eben nicht nur das, bewertet wird so gut wie alles.

Branchenverteilung auf dem Empfehlungsportal yelp: Gastronomie und Handel werden am häufigsten diskutiert. Trotzdem ist das Spektrum groß.

Entstanden ist die Idee in den USA. Wo sonst?! Das Bewertungsportal yelp startete bereits 2004 als lokaler Anbieter in San Francisco. Dort ist die yelp-Community auch immer noch extrem verankert. Lokale Firmen haben in der Gegend schon bis zu 1.000 Beiträge erhalten.

Die lokale Idee funktioniert aber längst weltweit: Über 20 Millionen Beiträge sind bereits geschrieben worden, und das Portal verzeichnet monatlich 50 Millionen Besucher. 2010 sind die ersten deutschen Städte auf der globalen yelp-Karte aufgetaucht. In den Großstädten sind schon mitunter einige Zehntausend Bewertungen vorhanden.

In Deutschland muss sich das Portal aber erst einmal gegen den etablierten Konkurrenten QYPE aus Hamburg durchsetzen. QYPE und yelp, das ist nämlich die gleiche Geschichte wie bei XING und LinkedIn. Die Amerikaner hatten die Idee, die Deutschen erkannten das Potenzial für den heimischen Markt und gingen 2006 mit einem – sagen wir – sehr ähnlichen Konzept an den Start.

Auch QYPE ist mittlerweile international: Es gibt Präsenzen in Deutschland, Großbritannien, Frankreich, Spanien, Österreich, Schweiz, Polen, Irland, Brasilien und Italien.

Insgesamt werden die Websites monatlich von 17 Millionen Besuchern aufgerufen.

Das in Deutschland noch etwas unbekannte yelp ist weltweit das größte Empfehlungsportal.

Die Portale funktionieren im Grunde wie die Gelben Seiten, nur etwas interaktiver. Über Branchen, Listen, Adressen oder eine Stichwortsuche können die Nutzer Geschäfte und Dienstleister in ihrer Nähe finden. Dafür spielen die Website-Betreiber die harten Fakten von prinzipiell allen Firmen eines Landes in das System ein. Dazu gehören Name, Adresse, Website und Kontaktdaten. Die Nutzer ergänzen das Firmenprofil dann um weitere nützliche Informationen wie Öffnungszeiten, Preisniveau, Zahlungsmöglichkeiten und branchenabhängige Spezifikationen.

Am wichtigsten sind aber natürlich die Beiträge, die von den Nutzern kommen. Eine Bewertung besteht aus einem Text und der Vergabe von Sternen. Mit fünf Sternen bist du der Star, mit einem eher unten durch.

Auch eigene Fotos können von den Website-Besuchern zu einem Unternehmensprofil hochgeladen werden. So entsteht ein riesiges Archiv, das zwar den ganzen Globus

umspannt, aber dennoch für lokale Suchen ideal ist. Zugezogene oder Urlauber haben darüber Zugriff auf Insider-Tipps, die sonst nur die Alteingesessenen kennen.

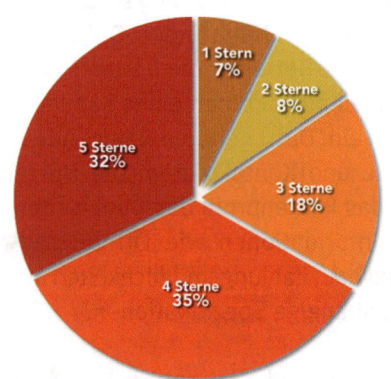

Zwei Drittel der Bewertungen bei yelp erhalten mindestens vier Sterne. Ob sich das wohl ändert, wenn die kritischen Deutschen jetzt nachziehen?

Um eine Bewertung zu veröffentlichen, müssen sich die Nutzer allerdings erst registrieren. Das trägt dazu bei, die Qualität der Beiträge zu verbessern. Registrierte Nutzer können sich dann untereinander vernetzen und Nachrichten schreiben, Komplimente oder Medaillen erhalten etc. – wie es sich für ein Netzwerk eben gehört. Durch die Beiträge von vielen verschiedenen Menschen entsteht ein öffentliches Gesamtbild eines Unternehmens, das für andere Nutzer weit informativer ist als die offizielle Firmen-Website. Denn hier gibt es ja die ungeschminkte Wahrheit. Sicherlich schmuggeln sich auch mal etwas unsachliche Meinungen ein. Die werden durch die Masse in der Regel aber ausbalanciert.

Der Bewertungsdschungel ist aber nicht ganz so überschaubar, wie es bisher erscheint. Neben QYPE und yelp gibt es für jede größere Branche spezifische Portale. KennstDuEinen ist beispielsweise auf Dienstleister spezialisiert, Kununu auf Arbeitgeberbewertungen, und natürlich hat auch Google, der Allgegenwärtige, mit Hotpot einen eigenen Empfehlungsdienst.

 Je nachdem in welcher Branche dein Unternehmen angesiedelt ist, macht es durchaus Sinn, nicht nur die großen Anbieter im Auge zu behalten, sondern auch die spezialisierten. Denn die Meinung der Mitglieder ist innerhalb einer Szene noch einflussreicher als in den allgemeinen Portalen.

Top 10: Die besten Empfehlungsportale

Yelp.de
Die Mutter aller Empfehlungen ❶

Qype.de
Hat in Deutschland noch die Nase vorn ❷

Tripadvisor.de
Internationales Portal für Hotelbewertungen ❸

Jameda.de
Hier werden Ärzte unter die Lupe genommen ❹

Google Hotpot
Natürlich macht auch Google Meinung ❺

Golocal.de
Offizieller Partner von Das Örtliche ❻

KennstDuEinen.de
Dienstleister suchen und finden ❼

Kununu.de
Interna jenseits des Bewerbungsgesprächs ❽

MyBeautyCase.de
Kosmetikprodukte auf dem Prüfstand ❾

Restaurant-kritik.de
Gastronomen in die Töpfe geschaut ❿

Empfehlungsportale – mitreden lohnt sich!

Um bei den Bewertungsportalen einzusteigen, solltest du als Erstes überprüfen, ob es irgendwo zu deinem Unternehmen bereits einen Eintrag gibt. Dadurch, dass die großen Anbieter mit Standarddatensätzen für fast jedes Unternehmen einen Basiseintrag erstellen, kann es gut möglich sein, dass du schon gelistet bist.

Falls du dein Geschäft nicht direkt findest, kann es an der Firmierung liegen. Gerade kleine Unternehmen sind oft nicht unter dem Namen des Geschäfts, sondern dem des Inhabers gelistet.

Bei Profilen ohne rechtmäßigen Besitzer erscheint ein kleiner Hinweis für Unternehmen.

Wenn es schon einen Eintrag gibt und sogar auch Bewertungen, solltest du dich als Unternehmensinhaber melden. Dann hast du die Möglichkeit, das Firmenprofil auf dem

jeweiligen Netzwerk zu steuern. Zum Beispiel kannst du nützliche Informationen ergänzen, falsche Öffnungszeiten korrigieren, Veranstaltungen bewerben, eine alte Telefonnummer ersetzen, Bilder und Videos hochladen und auf Bewertungen offiziell reagieren. Beiträge, die von den Nutzern eingestellt wurden, kannst du aber weder ändern noch löschen!

Die Unternehmensprofile gibt es bei den meisten Anbietern in einer kostenlosen und einer kostenpflichtigen Variante. Das Funktionsspektrum unterscheidet sich dann von Portal zu Portal. Am besten probierst du auch hier zunächst das kostenlose Konto aus, um zu sehen, ob sich das Netzwerk überhaupt für dich lohnt.

Wenn du viele Aktivitäten auf deinem Profil zu verzeichnen hast, lohnt es sich, etwas Geld in die Hand zu nehmen. Die großen Portale bieten rund um das Profil noch einige Marketing-Leistungen an, die sehr interessant sind.

Die Klassiker sind natürlich Platzierungen zu bestimmten Suchbegriffen. Ein Kinderspielzeuggeschäft in Stuttgart könnte sich beispielsweise zu dem Begriff „Spielzeug" bei der Regionalsuche in Stuttgart listen lassen.

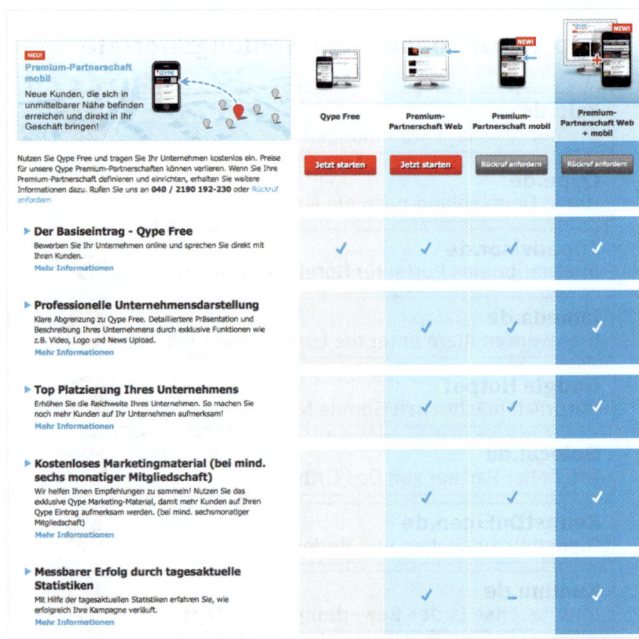

Kosten und Marketingmöglichkeiten gehen bei den Empfehlungsportalen Hand in Hand: Je mehr du investierst, desto besseres Social Media Marketing kannst du betreiben.

Natürlich ist auch das Thema mobile Internetnutzung bei den Empfehlungsportalen ein großer Trend. Es gibt für

die meisten etablierten Anbieter Apps, die kostenlos zum Download zur Verfügung gestellt werden: QYPE, Golocal und yelp sind in dem Bereich sehr aktiv.

Über das Smartphone haben die Nutzer Zugriff auf die Bewertungen und Unternehmensinformationen. Gerade noch bei der Tortenbäckerin zu viel Kuchen verputzt und nun ist

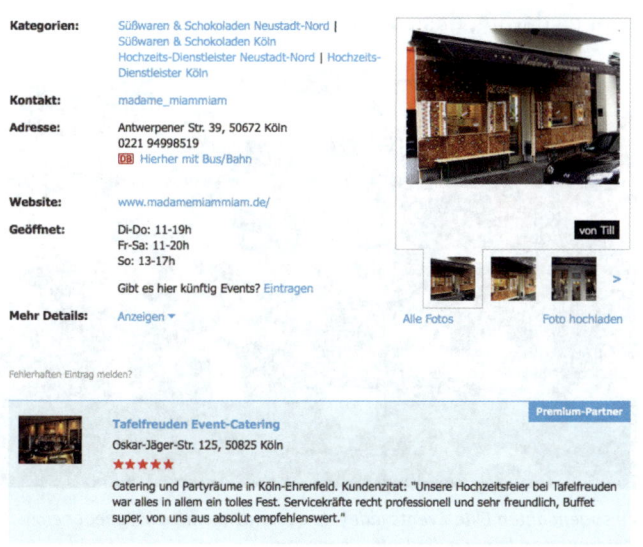

die Hose geplatzt? In diesem und ähnlichen Notfällen kann so eine App die spontane Suche nach einer Schneiderei im Großstadtdschungel ziemlich erleichtern.

yelp hat für die App zusätzlich Check-ins angekündigt. Das hat zwar nichts mit Fernreisen zu tun, soll aber nach einem ähnlichen Prinzip wie der Check-in bei einer Airline funktionieren: Die Nutzer melden sich nämlich bei einem Unternehmen an, das sie direkt oder in den nächsten Stunden mit einem Besuch beehren wollen. Das ist der Check-In.

Dann erhält der Nutzer die Möglichkeit, das aktuelle Angebot des Unternehmens zu buchen. Das könnte ein Gratisgetränk zum Mittagsangebot eines indischen Restaurants sein, ein reduziertes Skateboard im Sportgeschäft oder eine zehnminütige Schnupper-Massage für gestresste Bürohengste.

Den Unternehmen steht es dann völlig frei, wie sie ihr eigenes Angebot gestalten. Die Nutzer haben nach Check-in vier Stunden Zeit, das Angebot in Anspruch zu nehmen.

Wer eine Tortenbäckerin für besondere Anlässe sucht, kann vielleicht auch einen Catering-Service gebrauchen. So erscheint bei QYPE die kostenpflichtige Platzierung von Tafelfreuden auch auf dem Profil der Konditorin.

Schritt 1:
Kunde checkt ein und erhält das Angebot.

Schritt 2:
Kunde drückt „Jetzt benutzen" und hat 4 Std. Zeit das Angebot einzulösen.

Schritt 3:
Mitarbeiter drückt „Angebot als benutzt markieren" Check In Angebot verschwindet wieder.

Check-ins sind im Onlinemarketing gerade hoch im Kurs. Denn sie errei-chen neue Zielgruppen und schaffen viel Viralität.

Aber auch damit hört es längst nicht auf. Die Empfehlungs-portale haben sich einiges einfallen lassen, um ihren Kun-den gezieltes Marketing zu ermöglichen. Du kannst Anzei-gen schalten, Gutscheine anbieten oder sogar Sponsor eines Events werden.

Trotz der schönen neuen Werbewelt, die QYPE, yelp & Co. zur Verfügung stellen, sind das Wichtigste für dich in ers-ter Linie die Bewertungen. Je mehr Empfehlungen zu dei-

nem Unternehmen abgegeben werden, desto besser. Die ein oder andere schlechte Bewertung wird nicht weiter auffallen.

Schließlich hat jeder mal einen schlechten Tag, und man kann es auch nicht immer jedem Recht machen. Das wissen auch die Nutzer von Bewertungsportalen. Du musst also nicht wie ein Luchs über deine Profile wachen. Viel mehr geht es darum, dass du weißt, worüber die Leute reden.

Zu sogenannten Elite-Events lädt yelp besonders aktive Mitglieder ein. Unternehmen können die Treffen sponsern.

Was gefällt besonders gut an deinem Produkt oder deiner Dienstleistung? Wenn zum Beispiel der überaus freundliche Empfang gelobt wird oder die besonders schnelle Abwicklung, weißt du, dass das ein wichtiger Faktor für deinen Erfolg ist. Das, was mit Recht kritisiert wird, kannst du versuchen zu verbessern.

Natürlich läuft es auf Empfehlungsportalen nicht immer so, wie die Firmen es gern hätten. Aber das ist für dich als fortgeschrittenen Social-Media-Marketer ja nichts Neues mehr.

Darum solltest du die Bewertungen, die für dein Unternehmen eingestellt werden, im Auge behalten und reagieren.

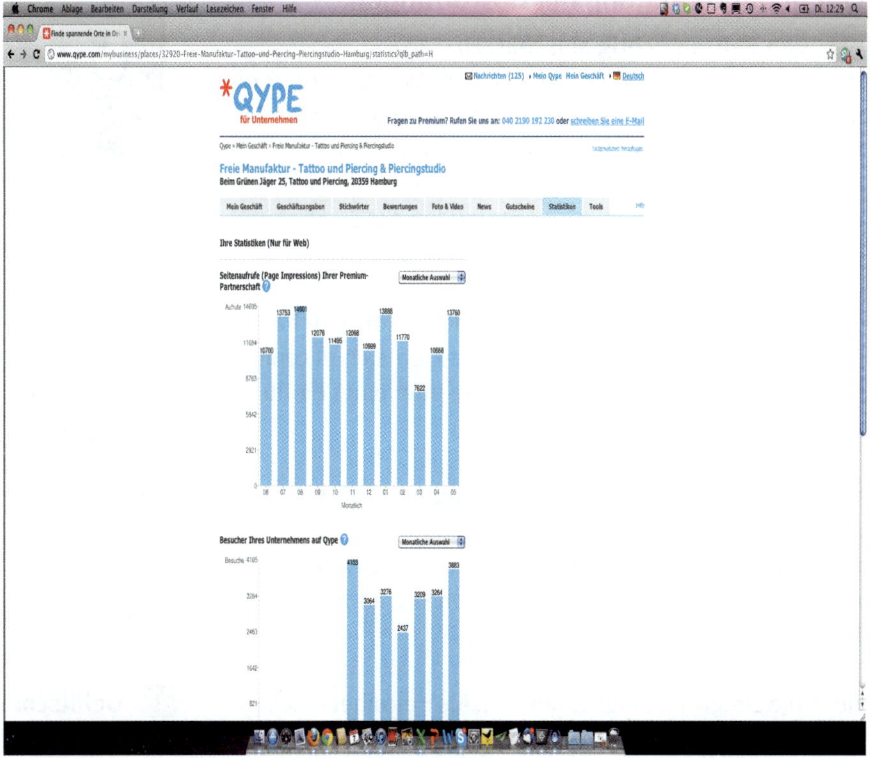

Die Statistiken von QYPE und yelp schlüsseln ganz genau auf, wie die User mit deiner Unternehmensseite interagiert haben.

Der richtige Umgang mit Bewertungen

1 Den Beitrag richtig einschätzen

Bewertung ist nicht gleich Bewertung. Wenn du über einen Beitrag über dein Unternehmen stolperst, sieh dir den Kommentar erst einmal genau an. Von wann stammt er? Einen zwei Jahre alten Beitrag kannst du zwar immer noch inhaltlich ernst nehmen, eine Antwort kannst du aber nun getrost vergessen. Die käme etwas spät ...

Sieh dir auch den Verfasser an. Bei vielen Portalen haben die Mitglieder ja eigene Profile, an denen sich erkennen lässt, ob du es mit einer Eintagsfliege oder einer einflussreichen Person zu tun hast.

Wenn jemand einen negativen Beitrag verfasst hat, sich aber auf dem Profil herausstellt, dass derjenige selten mehr als zwei Sterne vergibt, handelt es sich vermutlich um einen notorischen Nörgler. Gegen die ist leider kein Kraut gewachsen.

Auch die Zielgruppe muss stimmen. Als Betreiber eines Familien-Cafés solltest du dich nicht über schlecht gelaunte Studenten ärgern, denen das Baby-Geschrei zu laut zum Lernen war.

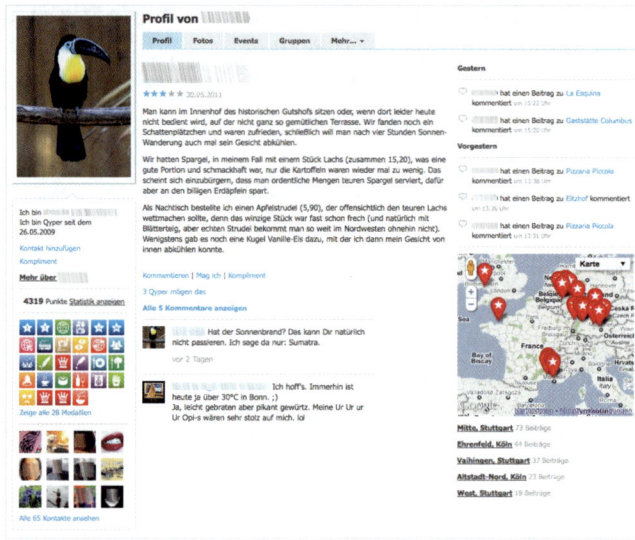

Bei yelp werden alle Aktivitäten eines Nutzers in einem öffentlichen Profil gesammelt. Bei QYPE können die Mitglieder die Informationen vor öffentlichen Zugriffen schützen.

2 Gefälschte Beiträge

Schreibe nie, nie, nie inkognito Beiträge! Oft genug fällt das den Nutzern auf, weil du dich mit Fachwissen oder Werbesprache verplapperst. Die Community schläft nicht und verdächtige Beiträge können gemeldet werden. Wenn das passiert, hast du einen sehr hohen Imageverlust, den du erst mal nicht mehr gutmachen kannst.

Außerdem setzen die Portale auf technische Hilfsmittel, um gefälschte PR-Beiträge, aber auch unfaire Kritiken herauszufiltern. yelp hat dafür einen eigenen Filter entwickelt, und Google vertraut bei Hotpot ebenfalls auf ein eigenes Sicherheitssystem, das Verstöße gegen die Beitragsrichtlinien erkennen soll.

KennstDuEinen gleicht die E-Mail-Adressen von Bewertern mit Dienstleister-Namen ab. Du tappst also schneller in die Falle, als du denkst.

 Wenn du gern mehr Beiträge erhalten möchtest, spricht nichts dagegen, deine Kunden in deinem Geschäft oder auf deiner Website dazu aufzurufen, dein Unternehmen zu bewerten. Hauptsache, du bleibst transparent und bietest niemanden Geld oder Naturalien im Gegenzug für eine positive Bewertung!

Was hier so niedlich aussieht, ist ein komplizierter Algorithmus, der die Authentizität von Beiträgen errechnet.

3 Zensur ist nicht erlaubt

Bei keinem der bekannten Empfehlungsportale hast du die Möglichkeit, Beiträge zu deinem Unternehmen willkürlich zu entfernen. Das würde der Website auch die Daseinsberechtigung entziehen. Wenn du selbst das Gefühl hast, dass dir jemand einen unfairen Beitrag unterjubeln will, kannst du diesen Beitrag melden. Dafür muss aber eindeutig ein Verstoß gegen die Beitragsrichtlinien vorliegen. Sieh dir dazu vorher die Regeln gut an und begründe

4. Gut vernetzt ist halb gewonnen!

dein Anliegen sachlich. Nur weil jemand etwas Negatives über dich geschrieben hat, heißt es noch lange nicht, dass es sich um Verunglimpfung handelt!

4 Richtig antworten

In den Portalen hast du unterschiedliche Optionen, auf Beiträge zu deinem Unternehmen zu reagieren. Es gibt Kommentare, aber auch direkte Nachrichten. Du kannst öffentlich oder privat antworten, und manchmal ist es auch besser, einfach nur zu schweigen. Bei negativen Bewertungen ist es am schwierigsten, und gerade ausgewachsene Beschwerden sollte man nicht unbeantwortet lassen. Versuche möglichst sachlich zu bleiben, den Beitrag nicht persönlich zu nehmen und etwas Positives daraus zu ziehen.

Oft genügt es, sich bei dem Verfasser für das offene Feedback zu bedanken. Mehr zum Umgang mit Kritik erfährst du auch noch etwas später in Kapitel 6. Aber auch bei Lobeshymnen kann man einiges falsch machen. Komme beispielsweise nicht auf die Idee, die Leute zum Dank mit Hinweisen und Links auf dein neustes Angebot zu überschütten. Bevor du in die Bresche springst, sieh dir den Beitrag lieber genauer an und entscheide von Fall zu Fall, ob und welche Antwort angemessen ist.

Lasse Bilder sprechen: YouTube & Flickr

© Fotolia.Photosani – Fotolia.com.

Bilder, egal ob bewegt oder nicht, beeindrucken viel leichter und schneller als Texte. Texte sind immer etwas schwerfällig, denn sie wollen erst gelesen und verstanden werden. Bei Bildern ist das ganz anders. Man wirft nur einen

kurzen Blick drauf und innerhalb von Millisekunden läuft das komplette Haben-wollen-Programm automatisch ab: „Sieht das lecker aus. Ich brauch sofort ein Schokoladeneis!" oder „An dem Strand will ich auch liegen. Jetzt!" Bis eine ähnliche Emotion durch einen Text erzeugt wird, muss man vergleichsweise ganz schön lange lesen. Genau aus diesem Grund setzt die klassische Werbung mit Imagefilmen und häuserwandgroßen Plakaten auf Bilder.

Mit diesem 640 Quadratmeter großen Banner machte XING am Neubau des Wiener Hilton-Hotels auf sich aufmerksam.

Und genau aus dem gleichen Grund sind die Foto- und Video-Communitys interessant für dein Social Media Marketing.

Flickr: die Foto-Community

Mehr als fünf Milliarden Fotos. Das muss man sich wirklich erst einmal vergegenwärtigen. 5.000.000.000. So viele Fotos sind derzeit auf Flickr eingestellt. Vor weniger als 20 Jahren hätte das in etwa einem Foto pro Weltbürger entsprochen. Und es werden ständig mehr: Durchschnittlich werden in jeder Sekunde 3.000 Fotos auf dem Bilderportal eingestellt. Dafür sorgt allein der Boom der Handykameras.

Famous Five Minutes: Diese Collage des Woodwards-Gebäudes in Vancouver war das 5.000.000.000 Foto auf Flickr. Der Nutzer Yeoaaron lud es nichtsahnend am 19. September 2010 hoch.

Jedes Mitglied kann bei Flickr einen Fotostream anlegen. Das ist sozusagen die eigene digitale Foto-Kiste. Darin

liegen dann einzelne Alben, denen thematisch oder chronologisch Fotos zugeordnet werden. Damit bietet Flickr den Nutzern zwei Service: die Fotos zu veröffentlich und gleichzeitig zu teilen, aber eben auch Fotos zu verwalten. Dieses riesige Privatarchiv wird ergänzt durch hochklassige Fotos von öffentlichen Institutionen. Beispielsweise kannst du dich durch den Fotostream der NASA klicken oder die Schwarz-Weiß-Schätze der New Yorker Bibliothek.

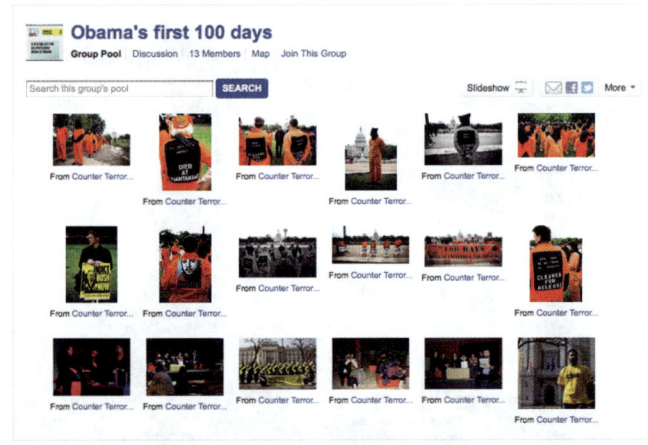

Auch eine hübsche Idee: US-Präsident Obama dokumentierte die ersten 100 Tage seiner Amtszeit auf Flickr.

Rund um die Fotos hat sich eine sehr aktive Community entwickelt: Es gibt Funktionen für Kommentare, Empfehlungen, Diskussionen und das Erstellen eigener Galerien. Die Aktivitäten der Community sind sehr wichtig, denn je häufiger ein Bild aufgerufen oder favorisiert wurde, desto höher erscheint es bei Stichwortsuchen in der Ergebnisliste. Außerdem organisieren die Nutzer Gruppen zu allen erdenklichen Themen. Dass es Gruppen gibt, die nur Hundefotos diskutieren, überrascht kaum. Aber auf Flickr gibt es sogar Gruppen, die sich nur um Hundenasen drehen!

Flickr eignet sich als Marketing-Tool nicht für jede Firma, aber trotzdem für mehr Branchen, als man denken mag. Brautgeschäfte, Möbeldesigner und Visagisten können mit Leichtigkeit tolle Bilder produzieren, denn sie verkaufen Produkte oder Services, die auf Fotos sehr gut wirken. Aber auch Friseure, Architekten oder Catering-Services können durchaus Fotostreams produzieren. Vorher-

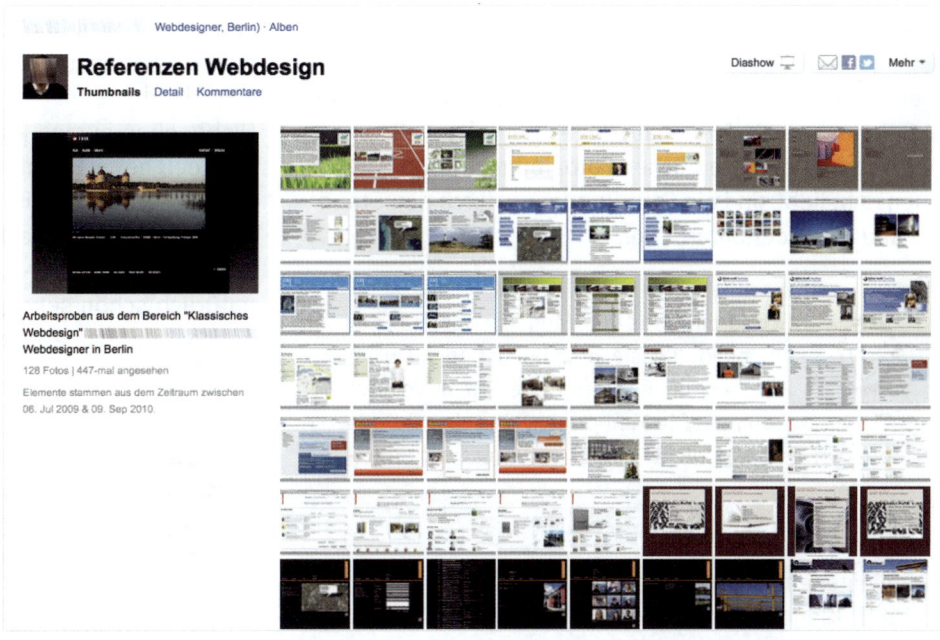

Für Freiberufler und Selbstständige ist Flickr so etwas wie ein digitales Portfolio. Dieser Webdesigner macht's vor. Aber auch für andere Branchen macht ein Fotostream auf Flickr durchaus Sinn.

Nachher-Fotos sind der Klassiker in Frauenmagazinen, wieso sollte das bei einem Friseur nicht funktionieren? Architekten können die unterschiedlichen Bauphasen dokumentieren, und Catering-Services beweisen, dass das Auge mitisst.

Viele Firmen stellen Fotos von Veranstaltungen und Events ein. Sommerfeste, Firmenausflüge, Seminare – alles gute Anlässe, um ein öffentliches Fotoalbum zu produzieren. Ebenso beliebt sind ein Foto-Rundgang durch den Standort und Fotos der Mitarbeiter.

 Schau dir Fotos von Menschen immer gut an, bevor du sie hochlädst und bitte im Zweifelsfall die Fotografierten lieber um Freigabe. Die Meinungen, was ein schönes Fotos ist und was nicht, gehen mitunter weit auseinander.

Einen eigenen Fotostream zu betreiben hat verschiedene Vorteile. Klar, zunächst sollen die Fotos in der Flickr-Community für Reichweite sorgen und den eigenen Namen

bekannter machen. Speziell durch die Gruppen kannst du dich in der Foto-Community als Branchenkenner in deinem Sachgebiet positionieren. Aber Flickr wird auch von den Suchmaschinen für deren Bildersuchen genutzt. Du kannst also weit über die Flickr-Mitglieder hinaus für Aufmerksamkeit sorgen.

Nicht selten nutzen Journalisten diesen weltweiten Pool, um geeignetes Bildmaterial zu finden. Je nachdem in welcher Branche du tätig bist, stehen die Chancen vielleicht gar nicht mal so schlecht, dass jemand über Flickr auf dein Unternehmen aufmerksam wird. Dafür müssen die Fotos natürlich schon sehr gut sein. Mit unterbelichteten oder unscharfen Schnappschüssen kommst du sicher nicht in den Stern.

 Wenn du bei Flickr richtig einsteigen willst, kann ich dir das Praxishandbuch „iKnow Bessere Digitalfotos" von meinem lieben Kollegen Alexander Trost sehr ans Herz legen. Damit lernst du in Nullkommanichts, Bilder auf Profi-Niveau zu machen.

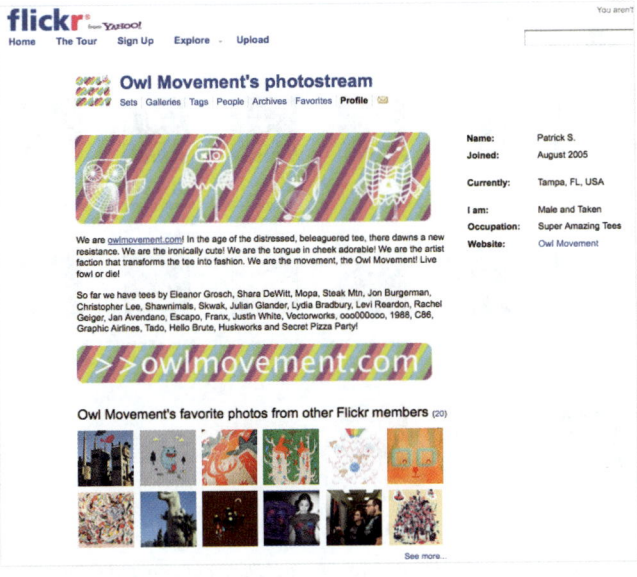

Für die bunten T-Shirts von Owl Movement bietet sich ein Flickr-Stream geradezu an.

deine Fotos angezeigt, und bei jeder Aktivität innerhalb der Community erscheint daneben dein Name. Wenn du das Flickr-Profil als reine Firmenpräsentation betreibst, solltest du hier natürlich den Unternehmensnamen angeben.

Bei Flickr ist es sogar möglich, Sonder- und Leerzeichen in den Namen zu integrieren. Dadurch kannst du auch Kombinationen wie „Thomas Herbolt (Physiotherapeut)" erstellen.

Die Oberschlauen verwenden als Nutzernamen ihre Webadresse. Obwohl ich ja immer predige, deine Domain so weit wie möglich zu streuen (siehe Punkt 7), rate ich hier lieber zur Vorsicht.

Denke wieder daran, dass auch Flickr ein soziales Netz ist. Die kommerzielle Nutzung ist lediglich toleriert. Wenn du deine Domain im Namen trägst, könnten das einige Nutzer zu aufdringlich finden. Bei einem reinen Online-Business ist das sicherlich wieder eine andere Geschichte.

Die Siebenmeilenstiefel für Flickr

1 Der Nutzername

Wie bei Twitter legt man sich auch auf Flickr einen Nutzernamen zu. Der ist natürlich zentral, denn darunter werden

2 Schlagwörter

Und schon wieder komme ich dir mit den Keywords. Gerade bei Flickr ist das aber noch wichtiger als bei einigen

anderen Netzen – denn Suchmaschinen haben keine Augen! Bilder können von Suchmaschinen daher nicht thematisch eingeordnet werden, wenn sie nicht mit Schlagwörtern versehen sind.

Auch wenn es dir vom Unterhaltungswert wie die 147. Wiederholung vom Traumschiff vorkommt, mache dir auf jeden Fall die Mühe, jedes Foto mit einem Titel und einer kurzen Beschreibung zu versehen. Das ist einerseits wichtig für das externe Suchmaschinenranking bei Google, Bing & Konsorten, andererseits für die netzinternen Suchanfragen.

3 Das Miniaturbild

Auf Flickr haben jedes Fotoalbum und jede Galerie ein kleines Vorschaubild (engl. Thumbnail oder kurz Thumb). Diese Bild kann darüber entscheiden, ob sich jemand ein Album anschaut oder nicht. Wenn du ein Album erstellst, hast du die Möglichkeit, das Vorschaubild dafür individuell festzulegen, und das solltest du auch nutzen. Nimm ein Foto, das eben auch in der klitzekleinen Miniaturansicht gut wirkt. Kräftige Farben und ein klares Motiv sind dafür am besten geeignet. Oder etwas Ungewöhnliches, das neugierig macht.

Malermeister Ahle macht mit Fotoalben auf Flickr auf sich und seine Leistungen aufmerksam.

4 Profilfoto

Für Unternehmen lohnt sich die Investition in einen sogenannten Pro-Account, die kostenpflichtige Variante von Flickr. Die Jahresmitgliedschaft liegt aktuell bei $ 24,95, also etwas mehr als 20,- €. Dafür erhältst du unbegrenzte Foto-Uploads und unbegrenzte Speicherkapazität. Außer-

dem kannst du als Pro-Mitglied ein Profilfoto von dir einstellen. Mit anderen Worten: dein Logo. Flickr kennzeichnet alle Pro-Accounts außerdem mit einem kleinen Icon. Das inoffizielle Zeichen der „ernsthaften" Flickr-Mitglieder.

5 Statistiken

Als Pro-Kunde hast du außerdem Zugriff auf Statistiken zur Nutzung deines Fotostreams. Darin siehst du zum Beispiel, woher der Traffic kommt. Aus internen Flickr-Suchen oder über Suchmaschinen?

Auch Bildersuchen oder ganz andere, externe Websites, die auf deinen Stream verlinken, werden in den Statistiken ausgewertet. Außerdem erfährst du, über welche Suchbegriffe, Leute auf deine Fotos gekommen sind. Das ist ganz wichtig, um deine Stichwörter nach und nach zu optimieren.

6 Gruppen

Die Flickr-Gruppen bieten ziemlich viel Potenzial, denn hier tauschen sich Gleichgesinnte über bestimmte Interessen aus. Für einen Hundetrainer ist die eben genannte Hundenasen-Gruppe vielleicht richtig spannend.

Spannende Informationen: Mit den Statistiken lässt sich der Flickr-Traffic sehr gut auswerten.

Schließlich trifft man hier auf Hunde-Narren. Auch als Unternehmen kannst du in Gruppen Mitglied werden und aktiv sein.

Gerade hier ist es aber wichtig, dass du die Grundidee der Social Media nicht vergisst: Niemand will hier mit Werbung zugebombt werden. Stelle also Fotos ein, die zum Thema passen, und biete in Diskussionen oder Kommentaren nur dann Expertenrat, wenn es passt und erwünscht ist. Gerade um deine Fotos breit zu streuen, sind die Gruppen sehr wichtig. Da es zu fast jedem noch so irrwitzigen Thema eine Gruppe gibt, ist es reine Fleißarbeit, deine Motive in diese Gruppen einzustellen. Du musst nur danach suchen.

Wenn dein Geschäft zu einem bestimmten Bereich viele Fotos hergibt, könntest du auch selbst eine Gruppe gründen. Dann hast du sogar noch den Vorteil, dass du als Moderator der Gruppe deine Meinungsführerschaft in einem Sachgebiet unterstreichen kannst.

Das Trendmagazin Max betreibt eine Flickr-Gruppe mit mehr als 4.000 Mitgliedern.

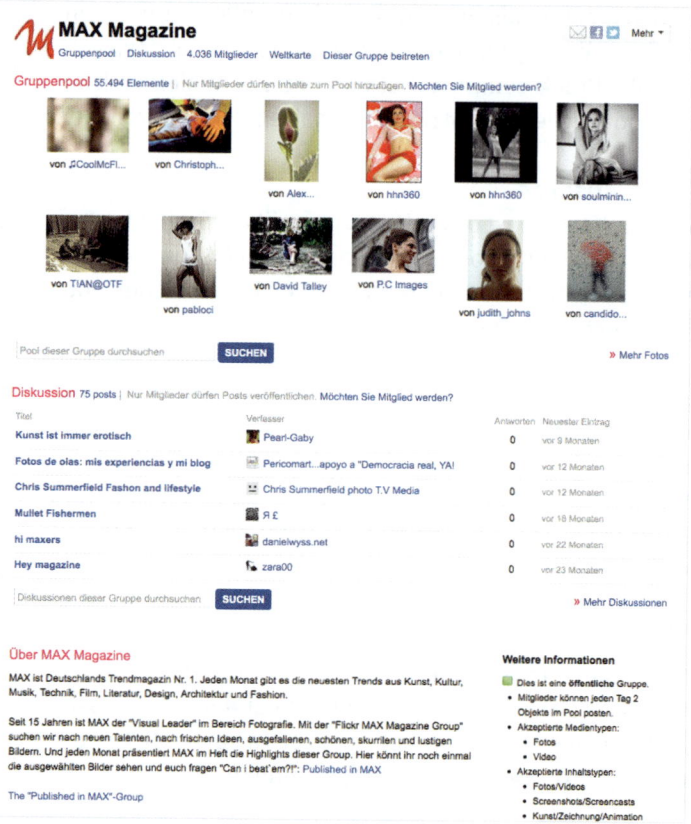

7 Fotonutzung

Flickr-Mitglieder stellen ihre Bilder oft zur allgemeinen Nutzung zur Verfügung. Dafür gibt es verschiedene Optionen, die man für jedes Foto individuell festlegen kann. Anderen Mitgliedern Nutzungsrechte an deinen Fotos zu geben kann durchaus Vorteile haben. Im Normalfall bitten die Rechteinhaber um einen Fotonachweis. Dabei handelt es sich meistens um deinen Namen und einen direkten Link zu dem Foto auf Flickr. Das heißt, wenn jemand dein Bild benutzt, erscheint daneben der Fotohinweis, mit dem von dir erbetenen Link. Du ahnst es schon: Dadurch kannst du wieder die Zahl der Besucher auf deinem Fotostream erhöhen. Es hält dich übrigens auch keiner davon ab, um eine Verlinkung nicht auf deinen Fotostream, sondern direkt auf deine Website zu bitten. Fragen kostet ja nichts ...

Um dem Missbrauch deiner Fotos vorzubeugen, kannst du die Bilder mit einem sogenannten Wasserzeichen markieren.

Üblich ist ein Texthinweis mit dem Namen des Fotoinhabers oder ein Logo. In Bildbearbeitungssoftware wie Photoshop oder Gimp lässt sich das recht schnell machen.

Noch leichter geht es bei *www.picmarkr.com*. Die Website setzt auf deine Fotos automatisch Wasserzeichen und von dort kannst du sie direkt auf Flickr hochladen.

So sieht ein Bild aus, das oben links mit einem Wasserzeichen markiert wurde. Text, Position und Farbe kann man selber festlegen.

by Leonard Ward

8 Crossmedia

Von Flickr aus lassen sich deine Fotos sehr leicht in die übrige Netzwelt hinaus tragen. Dafür gibt eine ganz Reihe an Plug-ins und Widgets. Zum Beispiel kannst du Flickr mit den meisten Blog-Systemen sehr leicht verbinden und Diashows von Alben komplett integrieren. Wenn du bei Facebook aktiv bist, kannst du deine Konten bei Facebook und Flickr sogar direkt miteinander verknüpfen. Dann erscheint bei jedem Foto-Upload automatisch ein Update auf deiner Facebook-Seite.

Da du für Alben und sogar einzelne Fotos bei Flickr immer einen Link bekommst, lassen sich die Fotos auch auf allen anderen Netzwerken gut streuen, zum Beispiel in einem Twitter-Tweet. Twittern kannst du übrigens auch direkt von Flickr aus.

Wann immer sich die Gelegenheit bietet, solltest du deine Fotos auch selbst verwenden. Deine Website oder dein Blog werden sich über ein paar schicke Fotos

sicher freuen. Wenn du die Bilder aus deinem Blog mit Flickr verlinkst, kommen deine Besucher darüber auf deinen Fotostream. Damit machst du zwar keine neuen Kontakte, schließlich sind die Leute in diesem Fall schon auf deiner Website gewesen, aber du erhöhst die Zeit, die sie sich mit deinem Unternehmen auseinandersetzen.

Die SOS-Kinderdörfer auf Flickr: Über eine interaktive Karte kann man Fotos aus den verschiedenen, regionalen Einrichtungen aufrufen.

Top 10: Die besten Foto-Communitys

Flickr ①
Das vermutlich größte Foto-Archiv der Welt

Photobucket ②
Tolle Fotos eimerweise

Panoramio ③
Bilderdienst von Google Maps für Weltenbummler

Fotki ④
Die "fettfreie" Bio-Variante der Fotoportale

Care to connect ⑤
Für wohltätige/umweltfreundliche Organisationen

Phanfare ⑥
Das kleine Schwarze unter den Fotoportalen

Smugmug ⑦
Sehr gute Funktionen, leider nicht kostenlos

Dotphoto ⑧
Weltweite Community mit Foto-Marktplatz

Avanquest SendPhoto ⑨
Portal mit sehr guten Integrationsmöglichkeiten

KodakEasyShareGallery ⑩
Nutzerfreundliches Gratis-Angebot von Kodak

YouTube: Zehntausende Videos pro Sekunde

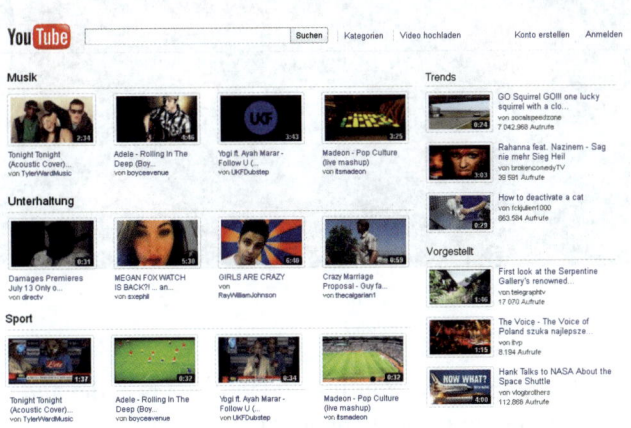

Nach einer Betaphase ging YouTube erst im Dezember 2005 offiziell an den Start. Noch nicht einmal ein Jahr später verleibte sich Google im Oktober 2006 die Videoplattform für die Rekordsumme von 1,65 Milliarden US-Dollar ein. Seitdem agiert YouTube unangefochten an der Spitze der Videoportale. Im Mai 2010 gab YouTube bekannt, dass täglich zwei Milliarden Besuche verzeichnet werden. Damit ist YouTube nach dem Mutterhaus Google die zweitmeistbesuchte Website im Internet.

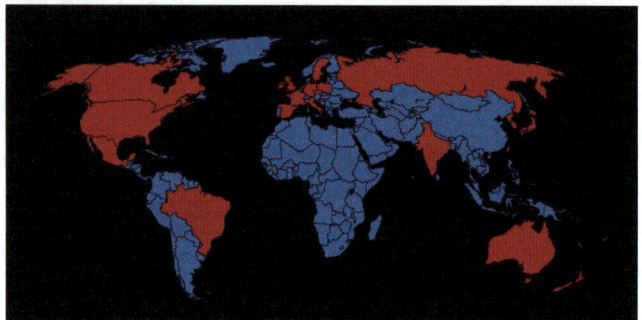

YouTube, die größte Videoplattform weltweit, wird in 22 (rot markierten) Ländern und 24 Sprachen genutzt.

Die Nutzer laden auf YouTube Videofilme hoch, die andere wiederum ansehen können. Einzelne Videos erhalten Millionen Klicks in nur wenigen Tagen. Das Spektrum an Videos ist unerschöpflich. Von unfreiwilligem Slapstick in 14 Sekunden bis hin zu vollständigen Kinofilmen ist alles dabei. Firmen können hier genauso mitmischen wie Privatleute, wenn – ja, wenn man es geschickt macht. Wie immer in den Social Media gilt auch auf YouTube: keine plumpe Werbung, kein Spam! YouTube-Nutzer wollen unterhalten oder zumindest informiert werden. Gähnend langweilige Imagevideos und klassische Werbespots will hier keiner sehen. Mit ein wenig Kreativität ist das gar nicht so schwer.

Old Spice – die erfolgreichste YouTube-Kampagne aller Zeiten. Die Videos mit dem schlagfertigen Womanizer wurden insgesamt über 110 Millionen Mal angesehen. Der Umsatz verdoppelte sich!

1 Informationsvideos

Je nachdem welche Expertise man als Unternehmen zu bieten hat, sind Informationsvideos perfekt. Besonders bei Branchen, um die eine Art Fanbase oder Szene existiert, die für Tipps und Tricks dankbar ist. Das gilt für viele Dienstleister wie Friseure, Steuerberater, Rechtsanwälte oder Schneidereien, aber auch Kinos, Restaurants und Galerien.

Sie alle verfügen über Fachwissen, für das sich eine nicht gerade kleine Gruppe von Menschen interessiert.

Videos, die einen Blick hinter die Kulissen erlauben oder Brancheninformation bieten, kommen bei YouTube sehr gut an.

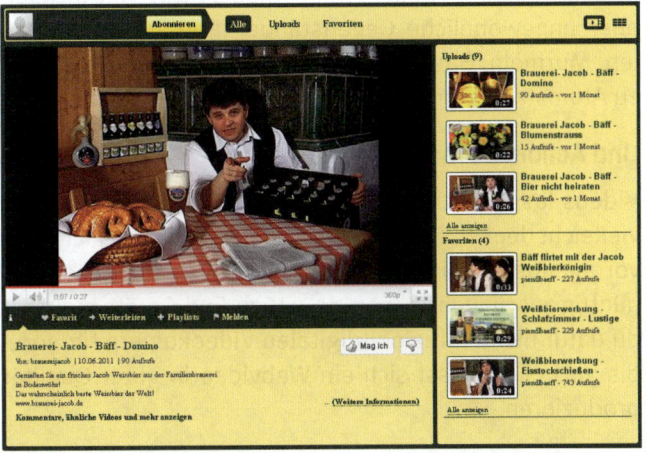

Das (nach Aussage des Braumeisters) „wahrscheinlich beste Weißbier der Welt" kommt aus der Familienbrauerei Jacob in Bodenwöhr und wird in einem eigenen YouTube-Kanal zelebriert. Eine gelungene Mischung aus Blicken hinter die Kulissen und unterhaltsamer Produktvorstellung: www.youtube.com/user/brauereijacob.

2 How-to-Video

Noch besser sind sogenannte How-to-Videos (deutsch „So geht's"), also Anleitungen. Auch da gibt es eigentlich nichts, was es auf YouTube nicht gibt. Von Computerhilfe, über Tanzkurse und Handwerker-Videos bis hin zu Gesichtsmasken-Rezepten, und dem Ausfüllen der Steuerer-

Seit Charles Smith in YouTube-Videos die Kunst des Töpferns erklärt, hat er seine Verkaufsaktionen eingestellt. Die Videos generieren so viel Traffic auf seiner Website, dass die Verkäufe ganz von allein kommen.

klärung ist wirklich alles vertreten. Und es ist tatsächlich so, dass sehr viele Menschen auf YouTube bereits gezielt nach solchen Erklärungen suchen.

3 Unterhaltungsvideos

Wer nicht mit Spezialwissen aufwarten kann, sollte sich einfach etwas Witziges überlegen und auf den Unterhaltungswert setzen. Je skurriler, desto besser kommen die Videos in der Internet-Community an. Blendec, ein Hersteller von Mixgeräten, hat es eindrucksvoll vorgemacht.

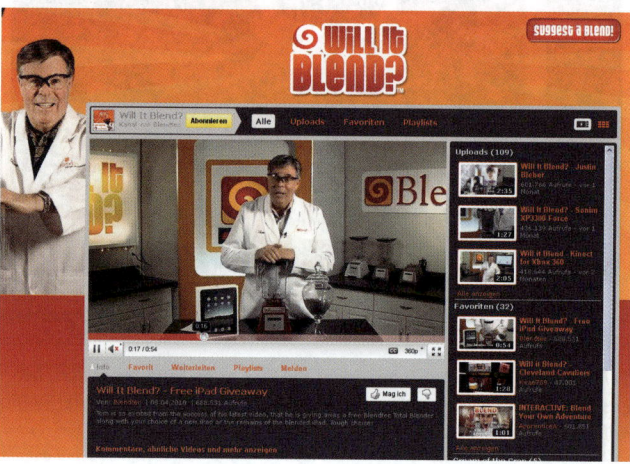

Die Mixer von Blendtec haben den Ruf, besonders stark zu sein und so ziemlich alles zu mixen, was nicht niet- und nagelfest ist. Unter dem Namen „Will it blend?" (deutsch „Wird es sich mixen lassen?") hat Blendtec eine sehr erfolgreiche, virale Kampagne ins Leben gerufen.

In den Videos im Sixties-Stil zerhackstückt Tim Dickson eher ungewöhnliche Gegenstände. iPads, Spielekonsolen, Murmeln, Baseballs und Stofftiere wurden so schon zu Atomstaub zermalmt.

Und Action: So machst du ein Video!

Videos lassen sich sehr viel einfacher herstellen, als du vielleicht denkst. Bei YouTube bedarf es nämlich nicht hervorragender Qualität. Klar, man sollte das Video schon vernünftig anschauen können, aber High-End-Geräte brauchst du dafür nicht. Mit einer digitalen Videokamera für 200,- bis 300,- Euro lässt sich ein Webvideo in guter Qualität produzieren.

Je nach Inhalt sind sogar Handyvideos vollkommen ausreichend. Zu aufwendig produzierte Filme kommen bei den

YouTube-Kult: Einzelne Blendtec-Videos wurden bis zu fünf Millionen Mal angesehen.

YouTubern sogar eher schlecht an. Abgesehen davon, hat YouTube mittlerweile vier Web-Tools integriert, mit denen du Filme direkt am Computer erstellen kannst und das zum Teil sogar ganz ohne Kamera!

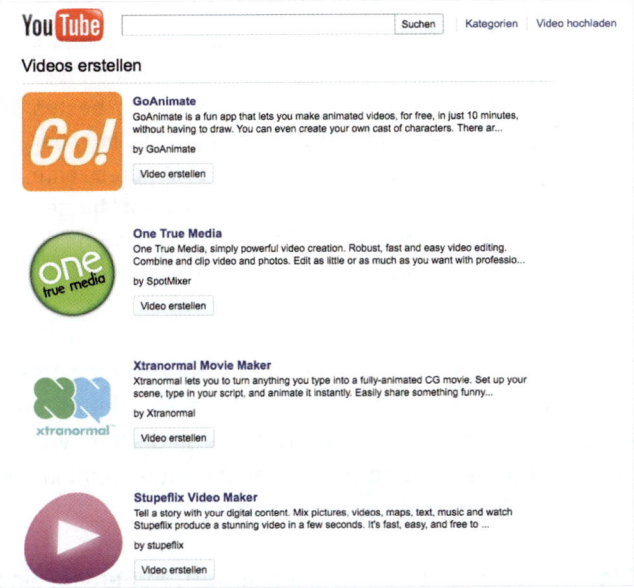

Unter dem Link www.youtube.com/create lassen sich die web-basierten Tools aufrufen, mit denen du ruck, zuck selbst Filme produzieren kannst.

Am besten ist das Tool Xtranormal Movie Maker. Damit kannst du computeranimierte Filme herstellen, während deine Kaffeemaschine läuft.

Wenn der Kaffee durch ist, hast du deinen YouTube-Film fertig. Alles, was du brauchst, ist ein Dialog. Alles andere, kannst du dir selbst zusammenstellen.

Das Tool stellt dir Hintergründe, Charaktere und sogar Soundeffekte zur Verfügung, die du nur per Klick kombinieren musst. Den eigentlichen Film erstellst du dann, indem du für jeden Charakter Text angibst.

Auch Gesichtsausdrücke, Bewegungsabläufe und Handzeichen lassen sich per Drag & Drop einfügen. Nur eine witzige Story und ein paar lustige Sprüche musst du dir selbst ausdenken.

Im Gegensatz zu dem zweiten Animations-Tool GoAnimate kann man beim Xtranormal Movie Maker auch deutsche Stimmen auswählen, die dann deine Text sprechen. Wobei sich ein amerikanischer Akzent je nach Video sicher auch ganz gut macht.

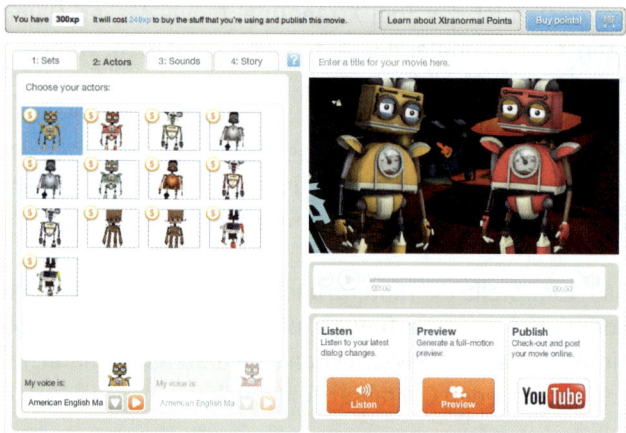

Die Benutzeroberfläche vom Xtranormal Movie Maker ist idiotensicher. Videos lassen sich in wenigen Minuten zusammenbauen.

Falls Animationsfilme nicht so dein Ding sind, schau dir doch One True Media und den Stupeflix Video Maker an. Damit kannst du Videos aus verschiedenen digitalen Elementen erstellen.

Fotos, Videos, Karten oder Grafiken lassen sich ganz einfach in Designvorlagen importieren. Übergänge, Texte, Sound und Effekte können ganz nach Geschmack ange-

passt werden. Die Produktion solcher Videos dauert zwar etwas länger, dafür lassen sich die Inhalte aber viel besser auf das Unternehmen zuschneidern.

 YouTube akzeptiert viel verschiedene Formate. Die gängigsten Auflösungen sind 640 x 480 Pixel oder HD mit 1280 x 720 Pixeln. Was das Dateiformat angeht, fährst du am besten mit MPEG oder MOV. WMV und AVI sind aber auch in Ordnung. Länger als 15 Minuten sollte dein Video nicht dauern. Drei bis fünf Minuten sind auch schon völlig ausreichend, wenn du guten Content zu bieten hast.

YouTube-Videos können für enorm viel Reichweite sorgen. Zwar sind Millionen Klicks nicht an der Tagesordnung, aber es ist zumindest möglich. Auf YouTube sind schon Videos zu unverhoffter Berühmtheit gelangt, von denen man es längst nicht erwartet hätte.

Einen Versuch ist es daher allemal wert. Außerdem sind für kleine Unternehmen einige Tausend Klicks auch schon Gold wert. Denn dadurch kann dein Bekanntheitsgrad

deutlich gesteigert werden. Gleiches gilt für deinen Website-Traffic.

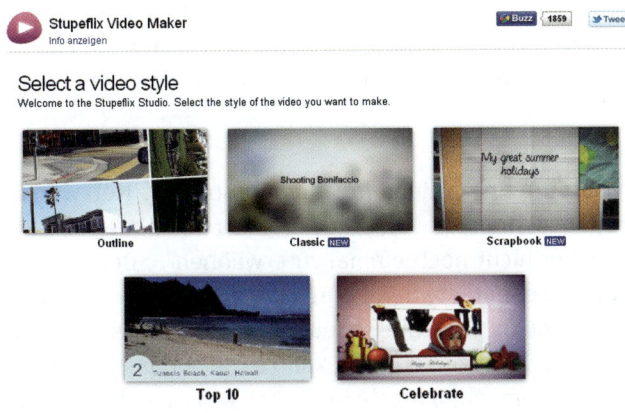

Der Stupefix Video Maker bietet dir attraktive Vorlagen und ist gut vernetzt. Hier kannst du auch Bild- und Videomaterial aus Facebook, Flickr und dem Google-Bilderdienst Picasa importieren.

Es kommt auch nicht nur darauf an, wie häufig ein Video angeschaut wurde, sondern auch darauf, wie häufig es in anderen Netzwerken verbreitet wurde und wie lange sich jemand dein Video anschaut. Durch die bewegten Bilder ist die Werbewirkung eines YouTube-Videos sehr hoch, so-

dass dein Firmenname bei potenziellen Kunden viel eher im Kopf hängen bleibt.

Da YouTube zum krakenartigen Google-Imperium gehört, lohnen sich die Videos auch im Hinblick auf deine Suchmaschinenoptimierung. Google bindet Videos nämlich in die Ergebnislisten ein. Allein darüber lässt sich einiges an Traffic erzielen. Dafür musst du allerdings auch darauf achten, dein Video vernünftig mit Schlagwörtern zu versehen.

Der Titel des Videos, also der Name, ist dafür ganz besonders wichtig. Versuche, einen knackigen Titel zu finden, der auf dein Video neugierig macht. Aber vergiss nicht, das wichtigste Keyword darin unterzubringen. Dafür kann man sich ganz gut mit Gedankenstrichen und Doppelpunkten helfen. Zum Beispiel so: „YouTube-Marketing – So geht's richtig!".

Für jedes Video kannst du außerdem noch eine Beschreibung hinterlegen. Hier solltest du natürlich auch das Haupt-Keyword und entsprechende weitere unterbringen. Ein Link zu deiner Website kann auch nicht schaden.

Wenn du in Videobeschreibungen Links unterbringen möchtest, vergiss nicht, den Link mit „http//" zu beginnen, sonst erkennt YouTube ihn nicht als klickbaren Link.

Ein eher kleiner Onlineshop wurde mit diesem Video weltweit berühmt. In der Adventszeit organisierte Alphabet Photography einen sogenannten Flashmob. In einem Shopping-Center platzierte Sänger stimmten an verschiedenen Stellen das Hallelujah an, sehr zur Überraschung der übrigen Weihnachtseinkäufer.

»Flashmob«: Steht für einen kurzen, scheinbar spontanen Menschenauflauf auf öffentlichen Plätzen, bei denen sich die Teilnehmer persönlich nicht kennen, in der Regel gleichzeitig ungewöhnliche Dinge tun und nach wenigen Minuten wieder verschwinden.

Dass du deine Videos in weiteren sozialen Netzwerken möglichst breit streust, brauche ich so weit hinten im Buch ja sicher nicht noch einmal zu erwähnen ... Bei YouTube ist das wesentlich, denn durch die Verlinkung auf Videos errechnet YouTube die Bedeutung eines Videos. Wenn du viele Verlinkungen erzielst, kann es sein, dass dein Video auf der Homepage erscheint. Damit wären dir fünfstellige Views schon mal sicher.

Genauso wichtig ist aber die Aktivität innerhalb der Plattform. Du solltest daher auf keinen Fall einfach nur ein Video einstellen, dich zurücklehnen und abwarten, was passiert. Reagiere auf Kommentare und sei selbst bei anderen Videos aktiv. Das wirkt sich positiv auf deinen Ruf in der YouTube-Gemeinde aus.

Top 10: Die besten YouTube-Channels für Inspirationszwecke

Venetian Princess
Kein Promi ist vor den spöttischen Parodien sicher ①

Phil in the Circle
Die Kunst des Phil Harris und wie sie entsteht ②

Josh Sundquist
Motivationstrainer mit amputiertem Bein ③

2 Create a Website
Tipps rund ums Geldverdienen mit der Website ④

Mystery Guitar Man
Eigentlich Gitarrist, aber auch Video-Blogger ⑤

Machinima
Recycling-Videos aus Computerspiel-Sequenzen ⑥

The 30-Second Bunnies Theatre
Blockbuster & Filmklassiker als Cartoon-Variante ⑦

Exercise Methode Naturelle
Zeigt Fitness-Tricks in der Natur ⑧

Living in Tokyo
Ein Amerikaner in Tokyo ⑨

Cyriak
Surreale Trickfilme eines britischen Animators ⑩

Wikipedia: die Online-Enzyklopädie

Wikipedia in ein Buch über (Social Media) Marketing aufzunehmen, ist schon etwas paradox. Immerhin ist Wikipedia eine Enzyklopädie. Man versucht ja auch nicht, als Unternehmen einen Eintrag in den Brockhaus zu bekommen.

Aber im Zeitalter der Social Media ist eben einiges anders, und darum lässt sich sogar die Online-Enzyklopädie für das eigene Marketing nutzen. Aber eines gleich vorweg: Nirgendwo im Web 2.0 ist die Spam- und Werbesensibilität höher als bei den Wikipedianern.

> **»Wikipedianer«** (oder Editoren): So nennt man registrierte Mitglieder, die regelmäßig bei Wikipedia Einträge schreiben, editieren und sich schlichtweg als Teil der Wikipedia-Community verstehen.

Das Prinzip „Wikipedia" ist eigentlich ganz einfach: Jeder, der Internetzugang hat, kann an dem weltweiten Lexikon mitschreiben. Und das sogar ohne angemeldet zu sein. Im Normalfall schreibt ein Autor erst einmal einen Beitrag zu einem Schlagwort. Der Beitrag wird dann von allen ande-

ren Wikipedia-Nutzern gemeinschaftlich erweitert, aktualisiert und bei Bedarf korrigiert. Auf diese Art und Weise sollen Informationsschnipsel und Sachverstand aus der ganzen Welt zusammengetragen werden, um eine lückenlose und ständig wachsende Dokumentation unseres Wissens zu erstellen.

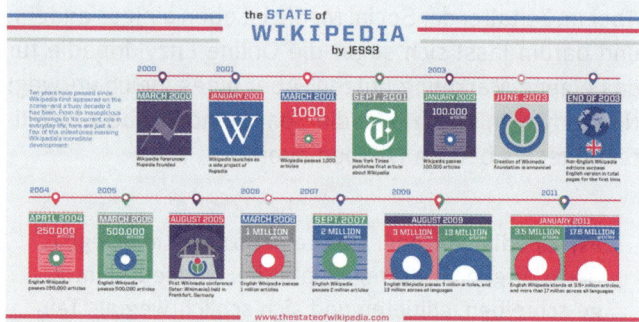

Von 0 auf 17 Millionen in knapp elf Jahren: Die wichtigsten Meilensteine in der rasanten Entwicklung der größten Enzyklopädie der Welt hat JESS3 visualisiert.

Um Fehler in den Beiträgen zu vermeiden, setzt Wikipedia auf die Kontrollmechanismen der weltweiten Community. Und das funktioniert tatsächlich erstaunlich gut. Einige

Spaßvögel editieren nämlich ganz gern an Artikeln herum, nur um zu testen, ob die Kontrollmechanismen funktionieren. Meistens dauert es nur wenige Sekunden, bis die absichtlich falschen Fakten von anderen Wikipedianern gelöscht werden.

Mittlerweile ist Wikipedia eine der wichtigsten und größten Websites. Egal, wonach man im Internet sucht, man verläuft sich fast immer früher oder später auf Wikipedia. Alle großen Suchmaschinen ranken Wikipedia-Artikel zu Suchanfragen ganz weit oben. Sogar Journalisten geben zu, dass sie für einen ersten Einstieg in ein Thema Wikipedia gern nutzen.

Hier als Unternehmen gelistet zu werden, hat daher große Vorteile. Erstens bringt es besonders Freiberuflern, Dienstleistern und Beratern Prestige, bei Wikipedia einen Eintrag zu haben, und zweitens kann Wikipedia sehr viel Traffic für die eigene Website liefern. Immerhin erzielt allein die Startseite im Monat 150 Millionen Klicks. Zwar könntest du dich jetzt hinsetzen und einfach einen Artikel über dich oder deine Firma einstellen, aber vermutlich würde der innerhalb kürzester Zeit gelöscht werden.

Was die Inhalte angeht, ist Wikipedia nämlich sehr strikt. Es gibt an die 150 Regeln und Richtlinien, in denen das Nutzerverhalten, aber vor allem auch die Zulässigkeit des Contents festgelegt worden sind. Nur Beiträge zu „enzyklopädisch relevanten" Themen werden aufgenommen.

Die vier wichtigsten Grundsätze auf Wikipedia lauten

1 Wikipedia ist eine Enzyklopädie.

2 Beiträge sind so zu verfassen, dass sie dem Grundsatz des neutralen Standpunkts entsprechen.

3 Geltendes Recht – insbesondere das Urheberrecht – ist strikt zu beachten.

4 Andere Benutzer sind zu respektieren und die Wikiquette ist einzuhalten.

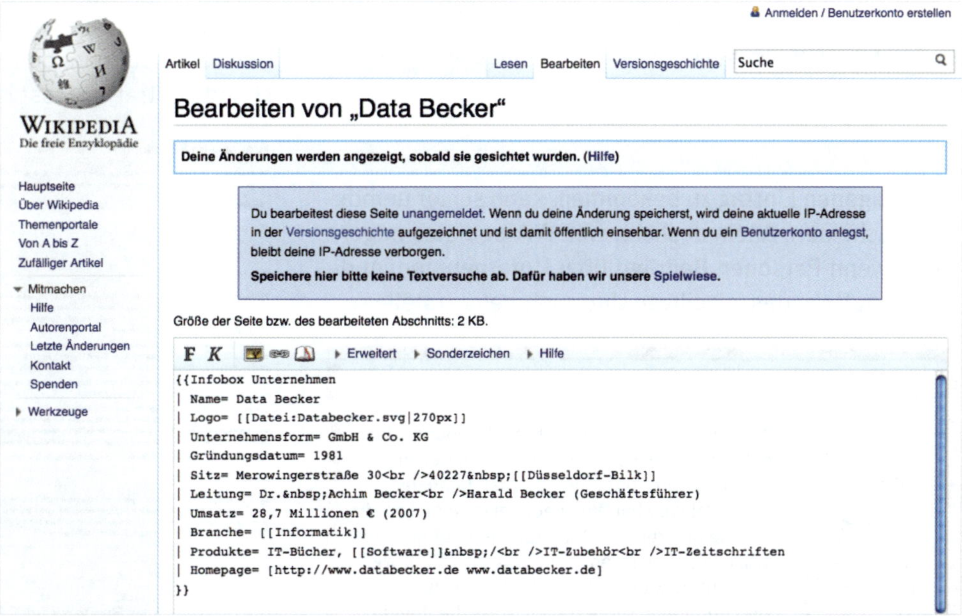

♟ Anmelden / Benutzerkonto erstellen

Artikel Diskussion

Lesen Bearbeiten Versionsgeschichte Suche 🔍

WIKIPEDIA
Die freie Enzyklopädie

Bearbeiten von „Data Becker"

Hauptseite
Über Wikipedia
Themenportale
Von A bis Z
Zufälliger Artikel

Mitmachen
Hilfe
Autorenportal
Letzte Änderungen
Kontakt
Spenden

Werkzeuge

Deine Änderungen werden angezeigt, sobald sie gesichtet wurden. (Hilfe)

Du bearbeitest diese Seite unangemeldet. Wenn du deine Änderung speicherst, wird deine aktuelle IP-Adresse in der Versionsgeschichte aufgezeichnet und ist damit öffentlich einsehbar. Wenn du ein Benutzerkonto anlegst, bleibt deine IP-Adresse verborgen.

Speichere hier bitte keine Textversuche ab. Dafür haben wir unsere Spielwiese.

Größe der Seite bzw. des bearbeiteten Abschnitts: 2 KB.

F *K* ▬ ∞ 🖼 ▸ Erweitert ▸ Sonderzeichen ▸ Hilfe

```
{{Infobox Unternehmen
| Name= Data Becker
| Logo= [[Datei:Databecker.svg|270px]]
| Unternehmensform= GmbH & Co. KG
| Gründungsdatum= 1981
| Sitz= Merowingerstraße 30<br />40227 [[Düsseldorf-Bilk]]
| Leitung= Dr. Achim Becker<br />Harald Becker (Geschäftsführer)
| Umsatz= 28,7 Millionen € (2007)
| Branche= [[Informatik]]
| Produkte= IT-Bücher, [[Software]] /<br />IT-Zubehör<br />IT-Zeitschriften
| Homepage= [http://www.databecker.de www.databecker.de]
}}
```

Die Lexikonbeiträge von Wikipedia kann jeder Internetnutzer ergänzen. Einfach über den Beitrag auf BEARBEITEN klicken, und schon erhält man Zugriff auf den Text.

»Wikiquette«: Der Verhaltenskodex der Wikipedianer, der die zentralen Grundsätze des Umgangs miteinander darstellt. Die darin festgelegten zehn Regeln sollen dafür sorgen, dass ein freundlicher Umgangston herrscht, der ein professionelles Miteinander garantiert.

Einen eigenen Eintrag zu bekommen, kann schier unmöglich erscheinen. Allein deshalb, weil Wikipedia es ungern sieht, wenn Personen Beiträge über Unternehmen im direkten Auftrag des jeweiligen Unternehmens erstellen.

Wer ist eigentlich Wikipedia?

Wikipedia wird von der Wikimedia Foundation betrieben, die als nicht gewinnorientierter Verein geführt und über Spenden finanziert wird. Weltweit hat Wikimedia gerade mal an die dreißig Mitarbeiter. Dazu kommen gut 40.000 offizielle, aber ehrenamtliche Administratoren und Editoren, die auf der Plattform sehr aktiv sind und dafür Sorge tragen, dass die Regeln eingehalten werden.

Auch Einzelpersonen sollten möglichst nicht über sich selber schreiben, da dies dem Grundsatz des neutralen Standpunkts widerspricht. Und mal ehrlich, wer ist schon neutral, wenn es um die eigene Schokoladenseite geht? Allerdings verbietet Wikipedia es auch nicht direkt, über sich selber zu schreiben, solange der Beitrag eben entsprechend neutral verfasst ist.

Die Düsseldorfer Brauerei im Füchschen bringt sich und ihre Biersorten über das historische Gebäude in der Altstadt ins Wikipedia-Gespräch. Ganz unten befindet sich der direkte Link auf die Website der Brauerei.

Der allgemeine, durchschnittliche User, der hier und da Artikel schreibt oder editiert, ist männlich, gebildet, spricht Englisch, hat europäische Wurzeln und lebt in einer Industrienation auf der nördlichen Welthalbkugel. Im Normalfall ist dieser Wikipedianer Angestellter, Student oder Rentner.

Der Weg zum Wikipedianer

1 Schau dich um

Genauso wie Twitter, yelp oder XING gibt es auch auf Wikipedia einige ganz eigene Spielregeln. Es gibt nicht nur die Wikiquette, sondern auch jede Menge Begriffe und Ausdrücke, die sich rund um die Enzyklopädie entwickelt haben. Als Neuling hat man manchmal das Gefühl, dass die Wikipedia-Community einen nicht gerade mit offenen Armen empfängt. Oft werden sogar kleinste und richtige Änderungen an bestehenden Artikeln einfach wieder rückgängig gemacht – aus purem Misstrauen. Darum ist es wichtig, dass du dir erst einmal einen Namen machst.

Suche dir ein paar Themen, bei denen du dich gut auskennst, und ergänze Artikel mit relevanten Informationen. Wenn du dich bei Wikipedia als Nutzer registrierst, sind deine Aktivitäten nachvollziehbar und transparent. Das schafft natürlich mehr Vertrauen bei den Wikipedianern, als Anpassungen, die du als anonymer Gast vornimmst.

2 Basis aufbauen

Bevor du gleich in die Vollen gehst, lasse dir mit Wikipedia etwas Zeit. Es ist sinnvoller, wenn du erst einmal in andere Netzwerke investierst und dort eine entsprechende Fan-Basis aufbaust. Je sichtbarer du in den Social Media und Blogs bist, desto eher wird dein Unternehmen nämlich als relevant für einen Beitrag angesehen. Besonders die Berichterstattung in den klassischen Medien kann dazu führen, dass dein Unternehmen aufnahmewürdig wird.

Selbstverständlich darf eine aktuelle Internetpräsenz nicht fehlen, denn wenn jemand einen Beitrag über dein Unternehmen erstellen oder erweitern möchte, braucht derjenige dafür ja Informationen. Und die bietest du am besten direkt selbst an!

3 Nutze andere Einträge

Bevor du für dein Unternehmen einen Eintrag erstellst, versuch's doch erst mal mit der abgespeckten Variante. Vielleicht kannst du dich ja in andere Einträge einschmug-

geln. Gibt es beispielsweise eine Technologie, die ihr anwendet? Dann könntest du versuchen, dein Unternehmen in dem Artikel zu dieser Technik unterzubringen. Denn die Einträge bei Wikipedia sind, soweit es geht, miteinander

Über Querverweise sind alle Wikipedia-Einträge miteinander verknüpft. Ein Klick auf die blau markierten Wörter führt zu einem weiteren Eintrag – im Beispiel wieder zur Füchschen-Brauerei.

Altbier

Altbier (oft nur **Alt** genannt) ist eine dunkle obergärige Biersorte, die hauptsächlich am Niederrhein getrunken wird. „Altbier-Hochburgen" sind Düsseldorf, Krefeld und Mönchengladbach. Die Wurzeln des Altbiers liegen in Westfalen und im angrenzenden Niedersachsen, wo das Altbier bis ins späte 19. Jahrhundert die einzig hergestellte Biersorte war.

Inhaltsverzeichnis [Verbergen]

1 Namensherkunft
2 Abgrenzung zu Ale
3 Überblick
4 Sonstiges
5 Altbiermarkt
6 Altbierbrauereien
    6.1 Düsseldorf
    6.2 Niederrhein
    6.3 Westfalen
    6.4 Übriges Rheinland und Hessen
    6.5 Weitere Brauereien
    6.6 Ausland
7 Siehe auch
8 Einzelnachweise
9 Weblinks

Altbier in Düsseldorfer Altbierglas

Überblick [Bearbeiten]

Der Gärprozess findet bei einer höheren Temperatur statt als bei einem untergärigen Bier. Das war vorteilhaft, da seinerzeit keine technische Kühlung existierte. Nachdem Carl von Linde 1873 die moderne Kältemaschine entwickelt hatte, verbreitete sich die untergärige Brauweise, z. B. Pils, da keine Eiskeller mehr benötigt wurden, um die notwendigen niedrigen Temperaturen während des Brauprozesses zu erhalten.

In den meisten Wirtschaften gab es seinerzeit beide Biere im Ausschank, das „neue" Bier und das „alte" Bier.

Die dunkle Farbe rührt von einem höheren Anteil Darrmalz her (es gibt Malz in allen Helligkeitsstufen von „Pilsner Malz" (hell) bis „Farbmalz" (sehr dunkel)), bei dessen Herstellung durch Röstung Farbstoffe entstehen.

Bis in die 1950er Jahre wurde Altbier auch als Düssel bezeichnet, bis die damalige Brauerei *Düssel* das aus markenrechtlichen Gründen untersagte.

In Düsseldorf selbst brauen noch die Hausbrauereien Füchschen, Schumacher, Schlüssel und Uerige sowie im Düsseldorfer Stadtteil Unterbach das Vereinshaus Unterbach. Seit Herbst 2010 wird das in der Altstadt gebraute Kürzer Alt in der Brauerei Kürzer (ehemals Quetsche), dem Schaukelstühlchen und im Engelchen auf der Kurzen Straße ausgeschenkt.

In Krefeld werden noch folgende Altbiere gebraut: Die Brauerei Königshof produziert seit September 2007 die Premiummarke "Original Königshofer Alt" und seit September 2008 die eigene Preiseinstiegsmarke Brauerei Königshof Alt. Daneben gibt es noch die Sorten "Gleumes Lager", "Wienges", "Herbstpitt" sowie in Uerdingen ein Hausbier der Marke "Melcher's Dunkel".

verlinkt, d. h., dass man zu Schlagwörtern und Namen, die in einem Artikel vorkommen, per Klick zu dem Eintrag des nächsten Wortes kommt.

Wenn dein Unternehmen also in einem Wikipedia-Eintrag namentlich erscheint, es aber noch keinen Eintrag zum Verlinken gibt, wird vielleicht jemand dazu einen anlegen wollen. Ein netter Versuch, um einen eigenen Beitrag für dein Unternehmen zu bekommen.

Eine weitere Möglichkeit bei Wikipedia in Erscheinung zu treten sind Referenzen. Alle Fakten, Daten und Informationen sollen soweit wie möglich mit Quellenangaben versehen werden.

Wenn du einen guten Blog betreibst und regelmäßig zu Branchenthemen veröffentlichst, kannst du deine Blog-Posts vielleicht als Quelle in thematisch passenden Wikipedia-Beiträgen angeben. Darüber erhältst du mehr Traffic, als du denkst!

4 Aller Anfang ist – klein!

Wenn du irgendwann tatsächlich den Versuch wagen willst, bei Wikipedia einen Eintrag über dein Unternehmen zu erstellen, beginne am besten mit einem sogenannten Stub.

> **»Stub«** (deutsch Stummel oder Stumpf): Das ist ein Mini-Eintrag bei Wikipedia, der unter Umständen sogar nur zwei oder drei Sätze umfasst.

Das mag zwar etwas seltsam klingen, aber solche Mini-Einträge haben oft eine größere Chance, nicht gelöscht zu werden, als ausgefeilte Texte mit 1.000 Wörtern. Denn das wird von den Wikipedianern schnell als reiner PR-Versuch abgewertet.

Ein Stub hingegen ist für die Wikipedia-Community eine kleine Herausforderung. Gemeinschaftlich wird dann recherchiert und ergänzt, bis ein richtiger Artikel daraus geworden ist. Und so soll es ja auch eigentlich sein.

5 Diskutiere mit

Zu jedem Wikipedia-Artikel gibt es seine Diskussionsseite. Die solltest du auf jeden Fall nicht nur gut im Auge behalten, sondern nach Möglichkeit auch aktiv nutzen. Du

kannst hier erklären, warum du eine Ergänzung für relevant hältst, und auch einfach nur um Rat bitten, wenn du dir unsicher bist.

Lass dich nicht auf einen „Editier-Krieg" ein. Wenn jemand deine Änderungen rückgängig gemacht hat, lässt sich das über die Versionsgeschichte des Artikels nachvollziehen. Besprich das Thema lieber auf der Diskussionsseite, anstatt deine Änderungen einfach wieder herzustellen. Denn dann geht es vermutlich die nächsten zehn Jahre nur noch hin und her.

Speziell wenn du versuchst, einen kompletten Artikel über dein Unternehmen zu platzieren, solltest du dir für die Diskussionsseite nicht nur etwas Zeit reservieren, sondern auch ein dickeres Fell zulegen. Hier kann es nämlich auch mal hoch hergehen. Dann musst du in der Lage sein, schnell zu antworten!

Auf den Diskussionsseiten tauschen Wikipedianer ihre Meinung über Relevanz und Richtung von Informationen aus.

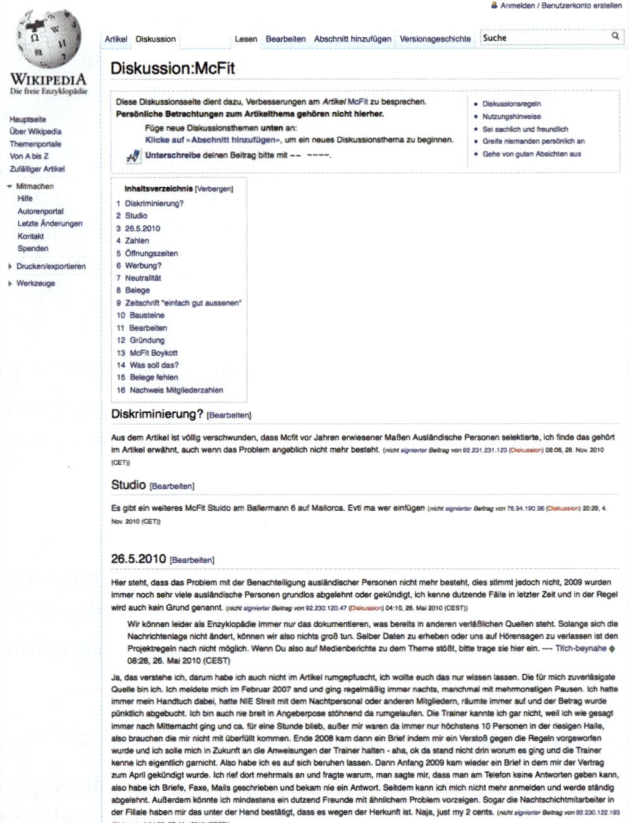

Frag Quora!

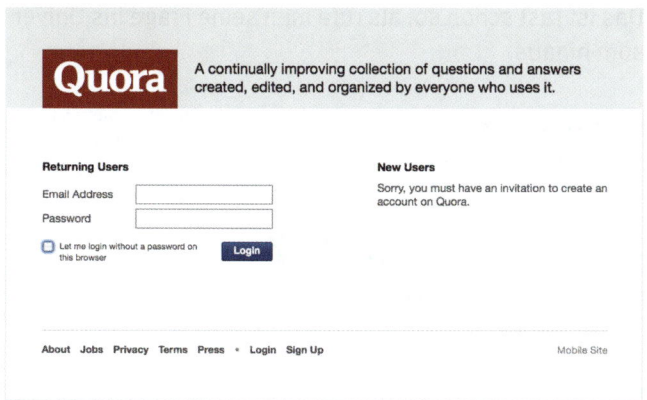

Quora macht auf exklusiv: Ein Konto kannst du nur auf Einladung anlegen.

Wie war das noch? Wer nicht fragt, bleibt dumm? Den Titelsong der Sesamstraße hatten die Gründer wohl noch im Ohr, als sie Quora ausheckten. Quora ist nämlich ein Frage-Antwort-Portal und der neue Social-Media-Hype nach Twitter. Gegründet wurde Quora von Adam D'Angelo und Charlie Cheever, die sich als Facebook-Veteranen in Sachen Netzwerk bestens auskennen. Gerade mal zwei Jahre jung ist das Start-up und trotzdem schon in aller Munde.

Seit Mitte 2010 ist die Betaphase beendet und das Netzwerk offen für alle. Allerdings braucht man eine Einladung von einem bestehenden Quora-Mitglied, um sich selbst anmelden zu können. Dieser Hauch von Exklusivität hat auch Facebook, das in den frühen Tagen nur für Studierende von Elite-Universitäten zugänglich war, zum Durchbruch verholfen. Frage-Antwort-Portale gibt es ja eigentlich viele.

Sogar einige deutsche Anbieter wie gutefrage.net oder wer-weiss-was.de haben sich gut etabliert. Quora hebt sich davon allerdings ab, denn die Vernetzung untereinander steht viel deutlicher im Vordergrund als bei den anderen Auskunftsdiensten.

 Wenn du für Quora eine Einladung brauchst, frage am besten in deinen sozialen Netzen nach. Auf Facebook und speziell bei Twitter findet sich sicher ziemlich schnell jemand, der dir eine Einladung zuschicken kann. Zur Not mailst du an *info@iknow.de*!

Am besten lässt sich Quora als eine Mischung aus Twitter, Facebook und Blog beschreiben. Von Twitter hat sich Quora das Folgen abgeguckt. Man folgt allerdings nicht nur Menschen, sondern man kann auch Themenkomplexen folgen. Wenn man einem Mitglied folgt, erhält man alle Aktivitäten dieser Person in den eigenen Nachrichtenstrom. Mit Themen funktioniert es genauso – immer dann, wenn jemand in einer bestimmten Kategorie eine Frage stellt, erhältst du diese Frage auf deiner Startseite. Auch wenn du dem Fragesteller gar nicht folgst.

Es geht also auch hier wieder ganz stark um die Vernetzung innerhalb eines Sachgebiets. Die Grundlage für eine Verbindung zwischen den Nutzern ist in den meisten Fällen nicht eine persönliche Bekanntschaft, sondern gemeinsame Interessen und Themen.

Dadurch dass sich Quora mit deinen Twitter- und Facebook-Profilen verknüpfen lässt, findet sich allerdings in der Quora-Gefolgschaft auch recht schnell das ein oder andere bekannte Gesicht wieder.

Wenn du erst einmal angemeldet bist, kannst du auf Quora Fragen stellen. Dadurch, dass die Frage kategorisiert und potenziell von allen Leuten beantwortet werden könnte, die dieser Kategorie folgen, weiß man nie, wer antwortet. Das ist fast schon so, als rufe man seine Frage ins Universum hinaus.

Quora ist bestens vernetzt: Kontakte aus Twitter, Facebook und auch Google Mail lassen sich schnell aufstöbern. Und natürlich kannst du auch deinen Blog integrieren.

Im Optimalfall bekommst du innerhalb weniger Tage, oft sogar innerhalb von Stunden einige Antworten, die sich wie die Kommentare bei Facebook aneinanderreihen. Manche Antworten fallen kurz aus, manchmal erhält man ausführliche Stellungnahmen und natürlich wird auch oft verlinkt. Meistens erhält man aber sehr qualifizierte Antworten von Experten aus dem jeweiligen Themenbereich. Quora ist also ein Paradies für Wissbegierige und Fachidioten. Allerdings nur für solche, die des Englischen mächtig sind. Bisher gibt es nämlich nur eine Sprachversion, und die Nutzer verständigen sich weitgehend auf Englisch.

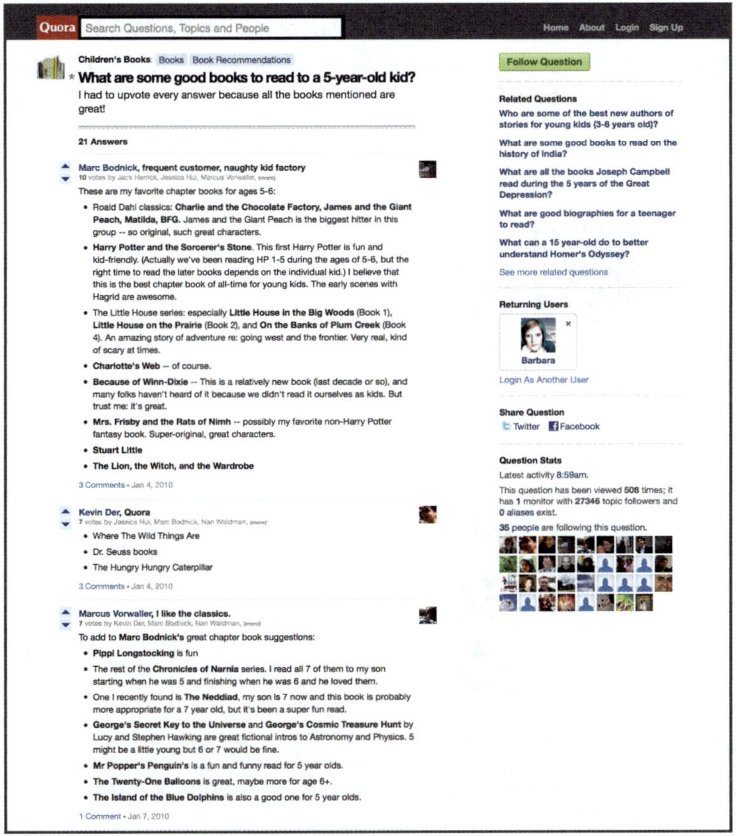

So sieht ein typischer Antwortverlauf bei Quora aus. Die Nutzer glänzen fast immer mit Know-how, nicht nur, wenn es um Kinderbücher geht.

Fünf Gründe, warum Quora einen Blick wert ist

1 Recherche war nie einfacher!

In den Zeiten von Google & Co. lässt sich ja sowieso schon alles innerhalb von Sekunden finden. Einfach ein Schlagwort eingetippt und – zack – schon hat man 119.283 Ergebnisse. Je nachdem wie konkret man recherchiert, liefern die Suchmaschinen aber schon lange nicht mehr optimale Antworten, und es wird ganz schön mühselig. Der Informationswust im Internet ist einfach zu unüberschaubar geworden, sodass selbst die ausgeklügeltesten Algorithmen nicht mehr hinterher kommen. Bei Quora kann man nun in einem ausgewählten Zirkel von Fachkundigen ganz konkrete Fragen stellen und exakte Antworten bzw. Einschätzungen bekommen.

Auch für kleine Marktbeobachtungen eignet sich Quora ganz hervorragend. Frag doch mal nach

So sieht ein typischer Antwortverlauf bei Quora aus. Die Nutzer glänzen fast immer mit Know-how, nicht nur, wenn es um Kinderbücher geht.

deinen Produkten oder nach deinen Mitbewerbern. Aus den Antworten von Kunden, Ex-Mitarbeitern und anderen Branchenkennern lässt sich einiges Wissenswerte für dein Unternehmen ableiten.

 Du kannst auf Quora übrigens auch anonym eine Frage formulieren. Gerade bei Fragen, die sich auf dein Geschäft beziehen, ist das sicher ganz nützlich.

2 Kontakte, Kontakte

Auf Quora tummelt sich auch schon jetzt eine bunte Mischung internationaler Köpfe. Darunter sind sicher einige, die ein interessanter Geschäftskontakt sein könnten. Da Quora wie alle Social Networks keinen Hierarchien unterliegt, hast du die Möglichkeit, diese Leute auf dich aufmerksam zu machen oder eine Verbindung zu ihnen herzustellen.

Interessante Leute findest du am ehesten über relevante Fragen. Du kannst nämlich einsehen, wer einer Frage folgt. Jemand, der einer bestimmten Frage folgt, tut das ja, weil er oder sie an der Antwort interessiert ist. Wenn du dir also die richtigen Fragen heraussuchst, wirst du darüber andere Mitglieder aus deiner Branche und vielleicht sogar Multiplikatoren finden.

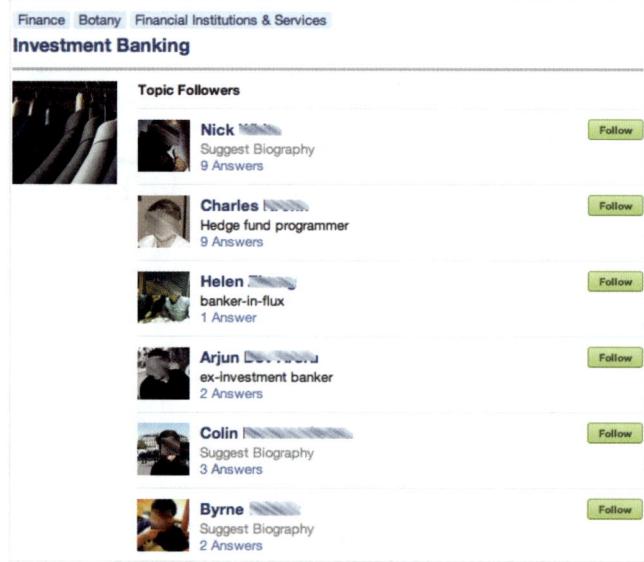

Noch ist die Quora-Community überschaubar und sehr international. Wenn das vorausgesagte Wachstum eintritt, wird Deutschland aber schnell nachziehen. Und dann ist es gut, schon zu den alten Hasen zu gehören.

3 Mit Wissen glänzen

Auf Quora kannst du dich noch besser als Experte beweisen als in jedem anderen Netzwerk, das ich bisher vorgestellt habe. Denn bei Quora geht es schlichtweg um nichts anderes als darum, Wissen zu teilen. Gerade in spezialisierten Branchen, in denen Know-how, Innovation und Beratung wichtig sind, bieten sich bei Quora hervorragende Möglichkeiten.

Erstelle dafür auf jeden Fall ein vollständiges Profil mit einer ansprechenden Biografie. Suche dann nach passenden Fragen und antworte. Versuche bei deiner Antwort möglichst konkret zu sein und wirklich hilfreiche Inhalte zu liefern.

Werbe-Bla-Bla und unnötige Links zu deiner Website haben dabei nichts zu suchen. Denk – wie immer – in erster Linie an den Nutzen für den Fragenden, nicht an deinen eigenen.

Wenn die Frage eine sehr umfassende Antwort erfordert, versuche möglichst strukturiert zu schreiben. Stichwörter und Spiegelstriche sind durchaus akzeptabel.

Bei Quora kannst du für jede Kategorie, der du folgst, eine eigene Biografie anlegen. Das kann sehr nützlich sein, wenn dein Geschäft Expertenwissen in mehreren Bereichen erfordert!

Bei Quora kannst du leicht interessante Themengebiete herausfiltern und den Diskussionen um die Fragen dazu folgen.

4 Q wie Quelle der Inspiration

Wenn du erst einmal mit deinem Social Media Marketing richtig Fahrt aufgenommen hast, wirst du ständig nach neuen Themen und Ideen für guten Content fahnden müssen.

Auch wenn du darin sicherlich Routine entwickeln wirst, bleibt ein kreatives Loch nicht aus. Bei Quora kannst du dich prima inspirieren lassen. Wenn du nach einem Stichwort suchst, erhältst du automatisch eine ganze Liste verwandter Fragen.

Sieh dir davon einfach mal einige an. Bei Fragen, die besonders viele Antworten erhalten und bei denen viel diskutiert wird, bietet sich vielleicht auch für dich ein Blog-Beitrag an. Oder vielleicht postest du diese Frage mal bei XING oder Facebook und schaust, was deine Kontakte dort dazu zu sagen haben.

5 Traffic

Auch bei Quora wird natürlich gern mit Verweisen auf Websites gearbeitet. Das macht ja auch Sinn, weil viele Fragen sehr umfangreiche Antworten erfordern, die ggf. bereits an anderer Stelle sehr gut in einem Blog oder Newsportal diskutiert wurden. Wenn die Beiträge auf deiner Seite auf Quora in entsprechenden Antworten gepostet werden, wirst du dich über neue Besucher freuen können.

Das funktioniert allerdings nur, wenn dein Blog entsprechend guten Content liefert. Das Einfachste ist natürlich, wenn du selbst in Antworten auf deinen Blog verweist. Ab und an ist das sicherlich auch kein Problem.

Aber bitte sieh von ständigem und zusammenhanglosen Links auf deine Website ab. Das gilt als Spam, und wie überall in den Social Media wirst du dafür schneller abgestraft, als du „Abrakadabra" sagen kannst.

Besser ist es, sich bei Quora einen Namen zu machen, gute Antworten zu bieten und interessante Fragen zu stellen. Wenn du dann noch einen spannenden Blog betreibst, werden deine Artikel sicherlich auf ganz natürliche Art und Weise verlinkt.

Google Places: Gelbe Seiten reloaded

Gesucht – gefunden! Google Places ist optimal für kleine Unternehmen.

Nach Wikipedia komme ich dir gleich noch mit einem anderen, eher ungewöhnlichen Thema: Google Places. Google Places ist kein Netzwerk und kann eigentlich nur im allerentferntesten Sinne als Social Media bezeichnet werden.

Denn eigentlich ist Google Places ein digitales Branchenbuch. Durch die Einbindung in die organischen Suchergebnisse bei Google ist Places aber ein wichtiges Marketing-Tool geworden, das du schnell und einfach nutzen kannst. Eine optimale Ergänzung in deinem Social-Media-Marketing-Mix.

Bei Google Places haben alle Unternehmen die Möglichkeit, einen Brancheneintrag zu erstellen. Wird eine lokale Suchanfrage nach der Art des Geschäfts oder der Dienstleistung bei Google abgeschickt, dann erscheinen diese Einträge gesondert in den Suchergebnissen. Und das sind gar nicht mal so wenige.

Aktuell haben 20 % der Anfragen bei Google einen direkten, lokalen Bezug. Durch die Platzierung bei Google Places hat jeder Tante-Emma-Laden die Möglichkeit, direkt neben großen Supermärkten gelistet zu werden. Der Dienst ist übrigens absolut kostenfrei!

Besonders interessant sind die Statistiken, auf die man Zugriff hat. Darunter sind beispielsweise die Impressionen, die erzielt wurden, also wie häufig der Eintrag deines Unternehmens angezeigt wurde. Dazu siehst du auch die Suchbegriffe, zu denen du gelistet wurdest, und wie viele Leute dann tatsächlich auf dein Profil geklickt haben. All das lässt sich natürlich wieder hervorragend nutzen, um die Anzahl der Klicks durch den geschickten Einsatz von wichtigen Keywords zu erhöhen.

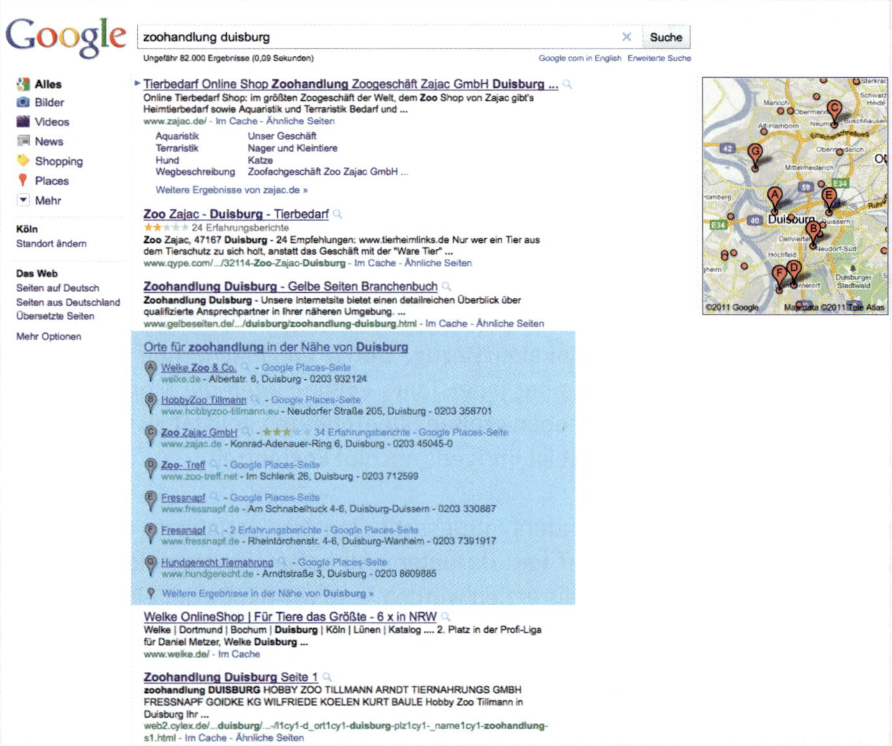

Google listet die Unternehmenseinträge aus Google Places in den Suchergebnissen sehr weit oben. Rechts daneben erscheint zusätzlich noch eine Karte.

Einen Brancheneintrag bei Google Places zu bekommen ist ziemlich einfach: Du kannst dein Unternehmen einfach selbst eintragen. Dafür musst du zur Homepage von Google Places gehen und dich mit einem Google Login anmelden. Falls du andere Dienste wie beispielsweise Google Mail bereits nutzt, brauchst du dich also nicht mehr extra bei Google Places zu registrieren. Wer noch keinen Google-Login hat, kann das bei der Anmeldung bei Google Places gleich mit abfrühstücken.

Als Nächstes fragt dich Google nach der Telefonnummer deines Unternehmens. Das liegt daran, dass für viele Unternehmen automatisch Brancheneinträge aus den Daten von öffentlichen Verzeichnissen erstellt werden. Wenn es deine Firma bei Google Places be-

reits gibt, wird sie über die Telefonnummer identifiziert. Du kannst den bestehenden Eintrag dann editieren.

Die Homepage von Google Pages erreichst du unter *www.google.com/places*. Dann einfach rechts auf *Get started* klicken. Im nächsten Schritt kannst du oben rechts die Sprache auf *Deutsch* umstellen.

Abgesehen von den üblichen Angaben wie Kontaktdaten, Adresse und Website kannst du in deinem Places-Profil eine ganze Menge an zusätzlichen Informationen hinterlegen. Fotos, Videos, Zahlungsmöglichkeiten und sogar die Parkplatzsituation. Versuche so viel wie möglich davon auch zu nutzen. Denn je mehr Information dein Profil enthält, desto besser kommt es bei potenziellen Kunden an.

Achte darauf, die Beschreibung deines Unternehmens klar und einfach zu halten, damit sie für Nutzer hilfreich ist. Viele Wiederholungen von Keywords oder Kategorien fallen potenziellen Kunden eher negativ auf.

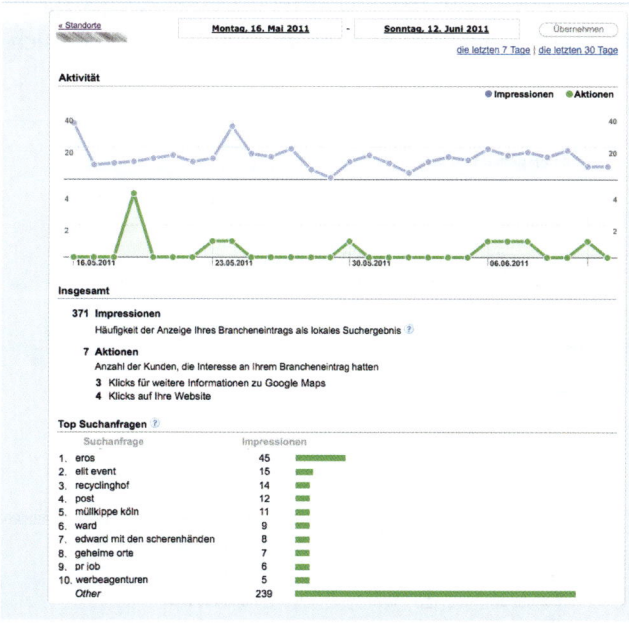

Aus den Grafiken und Diagrammen von Google Places lassen sich wichtige Informationen für deine Onlinepräsenz ziehen.

Für Suchende ist die Google-Places-Seite eine praktische Anlaufstelle, in der alles Wichtige gesammelt wird. Google

ergänzt deine Daten nämlich noch automatisch durch Bewertungen aus Portalen wie QYPE oder Hinweise zur Erreichbarkeit mit Bus und Bahn. Auch die Panoramaansichten aus Google Street View werden integriert.

▼ **Einzugsgebiet und Standort**

Bietet Ihr Geschäft Services wie etwa Lieferungen oder Reparaturen vor Ort innerhalb eines bestimmten Gebiets an?

◉ **Nein**, alle Kunden kommen zum Geschäftsstandort.

○ **Ja**, dieses Geschäft beliefert Kunden oder bietet Vor-Ort-Services an.

▼ **Öffnungszeiten**

Teilen Sie Ihren Kunden Ihre Öffnungszeiten mit.

◉ Ich möchte keine Öffnungszeiten angeben.
○ Meine Öffnungszeiten sind:

Mo:	09:00	-	17:00	☐ Geschlossen	⇓ Auf alle anwenden
Di:	09:00	-	17:00	☐ Geschlossen	
Mi:	09:00	-	17:00	☐ Geschlossen	
Do:	09:00	-	17:00	☐ Geschlossen	
Fr:	09:00	-	17:00	☐ Geschlossen	
Sa:				☑ **Geschlossen**	
So:				☑ **Geschlossen**	

Sind Ihre Öffnungszeiten innerhalb eines Tages aufgeteilt, z. B. 9:00 - 11:00 Uhr *und* 19:00 - 22:00 Uhr?
☐ Ich möchte zwei Öffnungszeiten für einen Tag angeben.

Wenn du dein Profil anlegst, sind vor allem die Kategorien wichtig, die du für dein Business hinterlegst. Überleg dir dafür ruhig mehr als eines, denn Menschen benutzen für die gleiche Suche oft unterschiedliche Begriffe.

Zoohandlung, Tierbedarf und Tierhandlung meinen ja alle dasselbe. Bei Spezialisten wie beispielsweise einem Aquaristik-Geschäft kann die übergeordnete Kategorie Zoohandlung sicher nicht schaden.

Denk auch an verschiedene Schreibweisen – mancher sucht einen Frisör, ein anderer einen Friseur oder gar einen Coiffeur.

Auch für das Ranking innerhalb der Google-Places-Ergebnisse ist es wichtig, dein Profil, so gut es geht, zu befüllen. Je umfangreicher dein Profil, desto höher wirst du in den relevanten Kategorien gelistet. Ob deine Angaben vollständig sind, siehst du an dem Balken rechts in deinem Profil.

Bei Google Places kannst du ein umfassendes Unternehmensprofil anlegen, u. a. mit Öffnungszeiten und dem Einzugsgebiet deines Geschäfts.

 Dein Google Places Profil kannst du übrigens auch für Aktuelles nutzen, denn mittlerweile sind Statusmeldungen wie in den Social Networks möglich. Ein gastronomischer Betrieb könnte also auf eine Veranstaltung am selben Abend hinweisen, ein Händler auf aktuelle Verkaufsaktionen.

Je mehr Infos, desto besser das Ranking. Also, Bleistift gespitzt und ran ans Werk.

Ihre Geschäftsinformationen Bearbeiten

78 % abgeschlossen

www.barbaraward.de

Beschreibung: Barbara Ward ist freie Redakteurin für Onlinemedien und PR: Artikel, Blogs und redaktioneller Content, sowie Internetkonzept und On-Page Optimierung (SEO). Standort: Köln.
Zahlungsarten: *kein Eintrag*
Andere Attribute: *kein Eintrag*
E-Mail: info@barbaraward.de
Öffnungszeiten: *kein Eintrag*
Kategorien: PR-Agentur, Internetagentur, Journalismus, Redaktion, Text
Fotos: *kein Eintrag*

Diesen Eintrag löschen.

Fünf Tipps für deine Google-Places-Präsenz

1 Aktualität

Eigentlich überflüssig zu erwähnen, aber es passiert doch oft genug, dass Unternehmen einen Brancheneintrag bei Google Places einrichten, der dann vor sich hingammelt. Darum steht an erster Stelle Aktualität! Achte immer darauf, dass alle Adress- und Kontaktdaten auf dem neusten Stand sind. Es gibt nichts Frustrierenderes als veraltete und überholte Telefonnummern oder E-Mail-Adressen. Ein Interessent, der einmal vergeblich versucht, dich zu erreichen, meldet sich nie wieder!

2 Fotos

Nutze die Foto-Uploads und stelle am besten direkt zehn Fotos ein. Ein Foto von deinem Standort kann zwar für die Anfahrt ganz hilfreich sein, ist ansonsten aber weniger interessant. Besser machen sich emotionale Bilder, auf denen zufriedene Kunden zu sehen sind. Auch Mitarbeiter in einem Beratungsgespräch oder generell „in Aktion" wirken sympathischer. Bei zehn Fotos kannst du auch ruhig eine bunte Mischung zusammenstellen, die dein Unternehmen in verschiedenen Facetten zeigt. Fotos von einer Preisverleihung oder einer ähnlichen relevanten Veranstaltung passen hier genauso.

 **Google** | fitness studio hamburg | Search Maps

Get Directions   My Places | Edit this place - ✓ Owner-verified listing « | 🖶 Print ✉ Send ∞ Link

MeridianSpa City
Schaarsteinweg 6, 20459 Hamburg, Germany
+49 40/65890
meridianspa.de
Directions   Search nearby   more▼

⊞ **Categories:** Sauna, Fitness, Wellness, ...
Price: €€€
Transit: Baumwall (246 m S) Ⓤ U3

★★★☆☆ 10 reviews   **Your rating:** ☆☆☆☆☆

✪ qype.co.uk (1) ✪ qype.com (6) P prinz.de (1)

Das 1984 in Hamburg gegründete Unternehmen MeridianSpa bietet in seinen 6 Anlagen in Hamburg, Berlin und Kiel seinen 30.000 Mitgliedern Fitness, Wellness und Bodycare auf Premium-Niveau. - From the owner

From the owner

©2011 Google   Map data ©2011 Tele Atlas

Photos & Videos
Upload a photo

From the owner

From the owner

From the owner

From the owner

From the owner

More photos »
Report inappropriate photo | video

Details
Email: info@meridianspa.de
Bodycare: Beauty, Massage, Ayurveda, Solarien
Price range: Pricey

Wellness-Bereich: 11 m Pool, Japanischer Garten, verschiedene Saunen, Whirlpool, Ruhebereiche
Fitness: 85 erstklassige Geräte, umfangreiches Cardio-Angebot, Human Sports, über 80 Kurse in der Woch...
Karten: Keine

Business owner, qype.co.uk, prinz.de
More details »

Ein vollständiges Google-Places-Profil mit schönen Fotos wie hier bei diesem Hamburger Spa liefert Google-Nutzern alles Wichtige auf einen Blick.

3   Videos

Nicht viele Unternehmen nutzen den Video-Upload bei Google Places. Dabei lässt sich über die Videos das Unternehmen noch viel besser darstellen als über Fotos und Text.

Wenn du kein Video hast, frag doch einfach zwei oder drei Stammkunden nach einem kurzen Statement über deine Firma. So etwas lässt sich mit fast jeder Digitalkamera oder sogar mit dem Handy in ausreichender Qualität filmen. Mehr Infos, wie du sogar ohne Kamera Videos erstellen kannst, findest du im Kapitel über YouTube.

4   Beschreibung

Die Beschreibung solltest du auf keinen Fall vernachlässigen! Hier kannst du das Angebot deines Unternehmens noch einmal deutlich herausstellen. Schließlich ist Maler nicht gleich Maler! Die Beschreibung sollte möglichst prägnant und präzise sein. Damit die Information für die Nutzer hilfreich ist, solltest du deine Dienstleistung oder Produkte möglichst ohne Fachwörter, sondern klar und verständlich beschreiben.

Deine wichtigsten Keywords dürfen natürlich auch nicht fehlen. Außerdem hast du hier noch die Option, Besonderheiten zu erwähnen. Wenn dein Unternehmen beispielsweise etwas versteckt liegt und nur über einen Hintereingang zu erreichen ist.

5   Name

Gerade bei kleinen Unternehmen ist der Name des Unternehmens mit dem des Inhabers identisch. Das ist für ein Unternehmensprofil nicht unbedingt ideal, weil daraus nicht hervorgeht, um was für ein Unternehmen es sich handelt. Du solltest daher überlegen, ob du den Brancheneintrag ggf. noch ergänzt. Beispielsweise könnte der Name eines inhabergeführten Designbüros einfach nur „Simon Stark, e.K." lauten. Bei Google Places sollte der Name besser so lauten „Simon Stark e.K. | Designbüro".

Versuche allerdings nicht, hier noch mehr Keywords – vor allen Dingen keine irreführenden – unterzubringen. Google wertet das nämlich als Spam und könnte das Konto daraufhin sperren.

5. Deine Social-Media-Marketing-Strategie

Strategie. Das klingt kompliziert. Marketing-Strategie klingt noch viel komplizierter. Dabei geht es hier nur um ein wenig Planung. Wie jede unternehmerische Maßnahme sollten auch Aktivitäten in den Social Media mit etwas Weitblick und einem Konzept angegangen werden.

Es geht nicht nur darum, was du tun willst, sondern auch darum, was du nicht tun willst oder solltest. Denn alle Social-Media-Kanäle kannst du nicht bedienen, schon gar nicht als kleines Unternehmen mit begrenzten Ressourcen.

In deiner Social-Media-Marketing-Strategie legst du also fest, auf welchen Plattformen und Netzwerken du in welcher Form und mit welchen Inhalten vertreten sein möchtest.

Gehst du zu planlos ans Werk, kann der Schuss übrigens auch gut nach hinten losgehen. Sogar Großkonzerne mit wahnsinnigen Budgets und eigentlich erfahrenen Agenturen im Boot haben sich aufgrund mangelnder Planung schon ordentlich in die Nesseln gesetzt.

Damit dir das nicht passiert, bereite dich ein wenig vor, bevor du in die Konversation einsteigst.

Dieser Marketingversuch ging nach hinten los. Die Suchmaschine Bing versprach für jede Weiterleitung des Tweets $1 an Katastrophenopfer in Japan zu spenden. Die Internetnutzer werteten dies aber als Versuch, auf dem Rücken der Opfer Werbung zu treiben. Das Ergebnis waren wütende Reaktionen rund um den Globus. Bing entschuldigte sich und spendete $ 100.000 – ohne Weiterleitungen.

Zielwasser zum Frühstück: mögliche Ziele deines Social Media Marketings

Der Weg soll ja angeblich das Ziel sein. Ohne ein Ziel weißt du auch gar nicht, welchen Weg du einschlagen sollst. Darum ist es wichtig, dass du dir vor allem anderen Gedanken darüber machst, welches Ziel du mit deinen Marketing-Aktivitäten in den Social Media überhaupt verfolgen möchtest. Eine kleine Auswahl möglicher Ziele habe ich einmal für dich zusammengestellt. Dabei geht es nicht um Zahlen wie „250 Facebook-Fans bis zum Ende des Jahres".

Solche Zahlen machen nämlich wenig Sinn, denn die Aktivität und der Dialog, den du herstellst, sind für dein Marketing sehr viel wichtiger als schnöde Kennziffern. Konzentriere dich daher auf die Qualität!

Was Unternehmen mit Social-Media-Präsenzen bewirken möchten, ist aber natürlich sehr individuell und von vielen Faktoren abhängig, wie beispielsweise Größe und Branche. Lasse dich daher nicht von mir abhalten, deine eigenen Ziele zu definieren!

1 Kundenbindungen stärken

Viele Netzwerke und Portale sind der ideale Ort, um Kunden an dein Unternehmen zu binden. Dadurch, dass deine Fans, Follower oder wie auch immer deine Social-Media-Kontakte heißen mögen, freiwillig deine Informationen beziehen, ist ein Grundinteresse ja schon gegeben.

Darauf kannst du hervorragend aufbauen, indem du interessante und nützliche Informationen bietest. Durch den regelmäßigen Kontakt bist du bei deinen Kunden stets präsent. Außerdem bietet die soziale Komponente der

Netzwerke die Möglichkeit, die Geschäftsbeziehung durch eine persönliche Note zu ergänzen. Der Sympathiefaktor kommt also noch hinzu. Wenn du erst mal gut bei deinen Kunden platziert bist, wird dich so schnell kein Mitbewerber aushebeln können.

2 Reichweite ausweiten

Eines der Hauptziele in der klassischen Werbung ist die Reichweite. Die Kampagne, egal ob auf Plakaten, im Fernsehen oder im Radio, soll von so vielen Menschen wie möglich gesehen werden.

Denn je mehr Menschen von dem Unternehmen hören, desto größer ist die Chance auf neue Kunden. Reichweitenaufbau lässt sich auch in den Social Media sehr gut und kosteneffizient erzielen.

3 Netzwerk aufbauen

Kontakte, Kontakte. Nichts geht über Kontakte. Wenn man mit jemanden in einem ähnlichen Fahrwasser unterwegs ist, kann es zwar zu Konkurrenzsituationen kommen, aber durchaus auch zu positiven Kooperationen und Synergieeffekten. In der eigenen Branche gut vernetzt zu sein ist daher eher positiv zu bewerten. Die Social Media bieten

dir optimale Chancen, neue Kontakte zu knüpfen und relevante Entscheider auf dein Unternehmen aufmerksam zu machen. Gerade für junge Unternehmen, Start-ups und frischgebackene Freelancer ist dieses Ziel sehr wichtig!

Kontakte sind in den Social Networks und beim Social Media Marketing (fast) alles. Achte jedoch nicht nur auf die Masse, sondern auch auf die Klasse ...

4 Markenaufbau

Beim Markenaufbau (engl. Branding) geht es darum, eine neue Marke zu formen und ihr eine Art Identität zu verleihen. Das hat natürlich auch viel mit klassischer Imagearbeit zu tun. Wer eine Beratungsleistung anbietet, betreibt Markenaufbau unter Umständen auch mit dem Ziel, sich als Experte oder Meinungsführer zu etablieren. Unternehmen, die sich neu gegründet haben oder ein neues Produkt in den Markt einführen möchten, sollten sich intensiver mit einem gezielten Markenaufbau beschäftigen. Die Social Media können dabei sehr gut zum Einsatz kommen.

5 Traffic erhöhen

Besuche auf der eigenen Website zu erzielen, ist für viele Unternehmen sehr wichtig. Das gilt natürlich für alle, die online Produkte verkaufen. Aber auch Berater und Dienstleister brauchen Besucher auf ihrer Website, um Interessenten vom eigenen Profil überzeugen zu können. Je stärker dein viraler Content in den Social Media verbreitet ist, desto mehr Besucher wirst du verzeichnen können.

6 Umsatz steigern

In jedem Unternehmen geht es selbstverständlich letztendlich darum, die Umsatzsituation stabil zu halten oder zu steigern. Gerade dafür setzt man Marketing-Tools ein. Es ist durchaus möglich, auch durch Social-Media-Präsenzen Umsatzsteigerungen zu erzielen, aber das solltest du

sehr gut durchdacht angehen. Denn, wie ich ja bereits gebetsmühlenartig wiederholt habe: Mit plumper Werbung, verkaufsorientierten Informationen und ständigen Links auf deine Angebote wirst du in den Social Media nicht sehr erfolgreich sein.

Betrachte Umsatzsteigerungen eher als langfristiges Ziel deiner Social-Media-Marketing-Strategie. Durch eine mehrwertbasierte und dialogorientierte Präsenz werden sich die Umsatzsteigerungen auf längere Sicht schon von allein ergeben.

Social Media Marketing lohnt sich!

Der Erfolg tritt zwar auch beim Social Media Marketing nicht gleich am nächsten Tag ein, aber mittelfristig führen Aktivitäten in den Social Media zu mehr Umsatz. Das hat zumindest eine aktuelle Studie von SocialMedia Examiner.com ergeben. 72 % der befragten Unternehmen, die Social Media seit mindestens drei Jahren nutzen, freuen sich über mehr Aufträge. Auch 48 % der befragten Kleinstunternehmen mit ein bis zwei Mitarbeitern gaben an, dass sich ihre Social-Media-Kampagne ausgezahlt hat.

Ressourcenplanung: Zeit und Personal

Als nächstes musst du dir Gedanken darum machen, welche Ressourcen du für Social Media frei hast. Dabei geht es vor allem um zwei Dinge: Zeit und Personal. Beginnen wir mit Letzterem.

Die offizielle Stimme

In den sozialen Netzwerken wird erwartet, dass es direkte Ansprechpartner gibt, die sich gern auch mit Foto und

einem kurzen Profil der Netzgemeinde vorstellen. Die Person, die für dein Unternehmen in diesen Kanälen auftritt, sollte diese Art der Öffentlichkeit nicht scheuen.

Dazu kommt, dass Social Media immer wieder den direkten und insbesondere schnellen Dialog erfordert. Wer auch immer sich um die Social Media kümmert, muss sich mit dem Unternehmen und allen Produkten besonders gut auskennen und ggf. auch Produktionsweisen oder den Joballtag der Mitarbeiter kennen.

Je nachdem, wie viel Feedback von den Nutzern kommt, macht es durchaus auch Sinn, mehrere Leute in die Social-Media-Aktivitäten einzubeziehen. Dann kann auf unterschiedliche Anfragen von der jeweils zuständigen Person kompetent geantwortet werden.

Die Art und Weise der Kommunikation ist in manchen Netzwerken sehr speziell. Achte bei der Mitarbeiterwahl

Achtung Fehlbesetzung: Mit ungeeigneten Personen auf den entsprechenden Positionen geht deine Social-Media-Kampagne unter Umständen nach hinten los.

darauf, dass du jemanden wählst, der die „richtige Sprache" spricht. Hör dich doch einfach mal locker um. Es gibt sicher einige Teammitglieder, die privat viel in Netzwerken surfen und sich schon ganz gut auskennen.

Es bringt nämlich gar nichts, auf jemanden zu setzen, der vielleicht ein ausgeschlafener PR-Profi der alten Schule ist, sich aber mit der neuen Ansprache im Social Web nicht anfreunden kann. Besser fährst du in diesem Fall mit einem Hobby-Social-Mediasten, der Spaß an der Sache hat.

Obwohl in den sozialen Netzwerken oft ein etwas salopperer Ton als in der klassischen Unternehmenskommunikation herrscht, darf bei einem professionellen Dialog eine gewisse Grenze trotzdem nicht überschritten werden. Als Unternehmen sollst du zwar sympathisch und ansprechbar sein, aber dennoch sachlich und kompetent wirken. Deine offizielle Social-Media-Stimme repräsentiert dein Unternehmen daher genauso wie ein Pressesprecher. Achte also darauf, dass sich die Auserwählten dieser Rolle bewusst sind.

Egal für wen du dich letztendlich entscheidest: Die Person muss das Vertrauen der Führungsetage genießen. Denn

auch bei schwierigen Anfragen muss dein Repräsentant in kurzer Zeit antworten können, ohne sich ständig Freigaben einholen zu müssen.

Wie viel Zeit benötige ich?

Lass uns diese Frage gleich einmal anders stellen: „Wie viel Zeit hast du denn?" Wenn du willst, kannst du aus Social Media Marketing nämlich ganz locker eine Vollzeitbeschäftigung machen, auch als kleines Unternehmen. Das hat natürlich auch sehr viel damit zu tun, wie viele und welche Kanäle du wählst.

Überlege dir daher vorher, wie viel Zeit du aus deinem vermutlich eh schon engen Wochenplan noch herausquetschen kannst, und richte deine Social-Media-Strategie darauf aus. Es bringt nämlich nichts, überall und nirgends Profile anzulegen, die dann als Informationswüsten veröden.

Nichtsdestotrotz gibt es mittlerweile einige Zahlen aus Studien und von Unternehmen, die Social Media erfolgreich nutzen. In einer Umfrage von SocialMediaExaminer. com gaben 39 % der Unternehmen an, lediglich ein bis fünf

Stunden pro Woche in Social Media zu investieren. Knapp 24 % wenden sechs bis zehn Stunden auf. Aber immerhin 37 % investieren mehr als zehn Stunden pro Woche in ihre Social-Media-Aktivitäten.

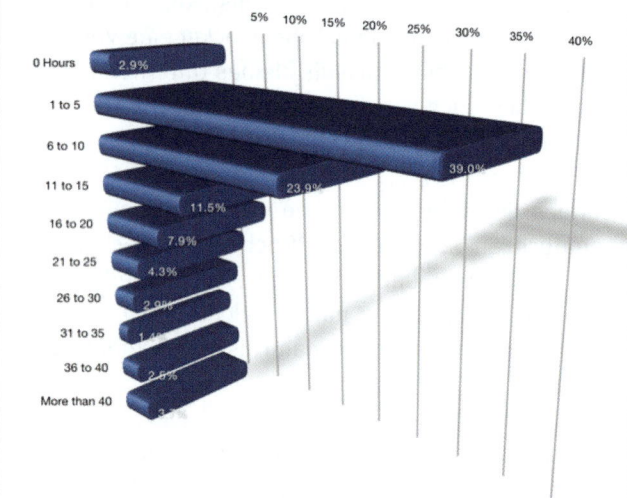

Wie viel du in dein Social Media Marketing investierst, hängt natürlich u. a. von deinen Zielen und der Zahl geeigneter Mitarbeiter ab.

Dieses Bild ist sicherlich nicht ganz unrealistisch. Als Kleinstunternehmen oder Freiberufler kannst du mit durchschnittlich einer Stunde pro Tag schon recht viel reißen. Ein mittelständisches Unternehmen sollte allerdings schon etwas mehr Zeit einplanen. Insbesondere wenn mehrere Netzwerke gepflegt werden sollen, und die Auswertung darf ja auch nicht unter den Tisch fallen. Die Bloggerin Aliza Sherman hat für den Aufwand von Social Media Marketing eine Empfehlung entwickelt. Darin kommt sie auf mehr als 20 Stunden pro Woche:

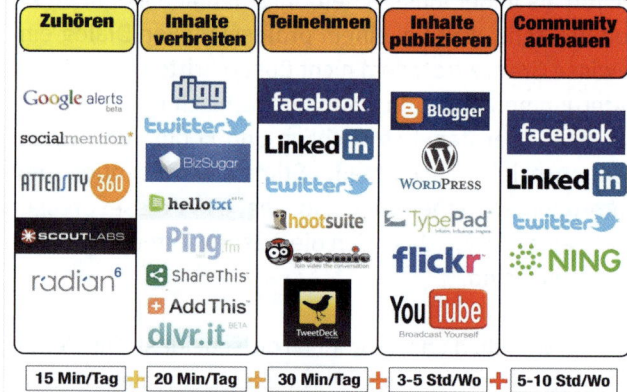

- Zuhören: 15 Minuten pro Tag
- Inhalte verbreiten: 20 Minuten pro Tag
- Teilnehmen und kommunizieren: 30 Minuten pro Tag
- Inhalte veröffentlichen: 3–5 Stunden pro Woche
- Aufbau einer Community: 5–10 Stunden pro Woche

Optimale Netzwerke auswählen

Das richtige Netzwerk zu finden ist bei der gigantischen Anzahl von Social-Media-Sites nicht gerade einfach. Du hast quasi die Qual der Wahl. Trotzdem ist es so, dass sich doch einige Klassiker herauskristallisiert haben, die von den meisten Unternehmen für Social Media Marketing genutzt werden.

Du bist jetzt sicher genauso wenig überrascht wie ich, dass Facebook die Liste mal wieder anführt. Gefolgt von Twitter und LinkedIn (in Deutschland entspricht das eher XING). Auch Blogs sind auf Platz 4 vertreten, und dann kommt schon YouTube. Das sind eben auch die größten Netzwerke, die aktuell im Internet agieren.

Für den Einstieg bieten sich die etablierten Netze an. Denn hier gibt es eine bestehende Struktur für Unternehmen mit klaren Richtlinien und Modellen. Als Marketingtreibender bewegst du dich in einem definierten Rahmen. Das schafft Transparenz und Klarheit für alle Nutzer. Außerdem gibt es bei den großen Netzwerken bereits viele Erfahrungswerte. Du kannst also aus den Fehlern anderer lernen, um deine eigenen Aktivitäten erfolgreich umzusetzen.

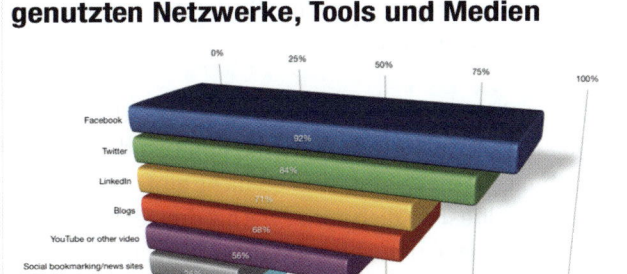

Die am häufigsten für Social Media Marketing genutzten Netzwerke, Tools und Medien

An Facebook und Twitter führt auch im Social Media Marketing kein Weg vorbei. In weniger genutzten Netzen und Medien hast du angesichts geringeren Wettbewerbs größere Chancen, mit relativ geringem Aufwand aufzufallen. Quelle: Social Media Report 2011, SocialMediaExaminer.com.

Es lohnt sich allerdings gerade als kleineres Unternehmen, sich auch etwas abseits der Klassiker umzusehen. Zum Beispiel ist das von RTL interaktiv betriebene Netzwerk „Wer kennt wen" in Süddeutschland sehr stark. In Ostdeutschland gibt es schueler.cc, und die knapp 2 Millionen Mitglieder von Jappy kommen größtenteils aus Berlin-Brandenburg, Köln, Sachsen-Anhalt, dem Ruhrgebiet und Hamburg. International sieht das wieder ganz anders aus. In Polen vertreibt man sich die Zeit bei NK.pl und in Südamerika bei Badoo.

Auch branchenspezifisch gibt es eine Menge Unterschiede. Da sind so viele Blogs und Communitys, dass es tatsächlich nichts mehr gibt, was es nicht gibt. Speziell bei den Blogs solltest du dich nach zwei bis drei relevanten für deine Fachthemen umsehen und diese regelmäßig lesen.

Auch Verzeichnisse und Portale sind häufig auf Nischen ausgerichtet. Als Weinhändler ist weingueter.de sicherlich eine gute Adresse. Hotels, Bars und Restaurants sollten die Empfehlungsportale, aber auch die vielen Restaurantführer nutzen.

Ob ein Netzwerk für dich interessant ist, hängt prinzipiell davon ab, ob deine Zielgruppe hier vertreten ist. Ob Menschen für dein Unternehmen interessant sind, erkennst du aber nicht nur am Wohnort, sondern an der Einkommensstruktur, dem Alter oder Interessen und Hobbys.

Ein guter Hinweis darauf, ob es in einem Netzwerk eine aktive Community gibt, die sich für dein Unternehmen interessieren könnte, sind die sogenannten Influencer oder Multiplikatoren. Das müssen gar nicht mal unbedingt Premium-Blogger oder Journalisten sein.

Vielmehr geht es um Menschen, denen deine Zielgruppe vertraut und zuhört, sodass ihre Gefolgschaft aktiv wird, wenn diese Personen beispielsweise einen Link auf dein Produkt posten.

Ob jemand Einfluss hat, lässt sich gut vom Profil ableiten: Wie lange gibt es das jeweilige Profil schon? Wie viel Content wurde darauf gepostet? Verbreitet der- oder diejenige Qualität? Gibt es viel Interaktion mit anderen? Und: Hat diese Person viel Reichweite?

Mit dem Tool TunkRank kannst du für jeden Twitter-Nutzer eine Punktzahl aufrufen, die den Einfluss desjenigen bewertet. Die Top-Follower werden auch aufgelistet. Damit lassen sich wichtige, aktive Multiplikatoren ziemlich schnell aufspüren: *www.tunkrank.com*.

Zu guter Letzt solltest du bei der Auswahl deiner Social Media das Netzwerk selbst nicht außer Acht lassen. Sieh dir in Ruhe an, welche Funktionen und Tools jedes Netzwerk bietet.

Wenn du zum Beispiel keinen Video-Content produzieren möchtest, brauchst du an YouTube erst keinen Gedanken zu verschwenden, schließlich geht da nicht viel mehr, als Videos zu posten.

Vielleicht willst du auch regelmäßig ein witziges Quiz verbreiten, dann brauchst du natürlich ein Netzwerk, das eine entsprechende Funktion oder Anwendung dafür bietet.

In einigen Netzwerken erhältst du als Unternehmen noch einige Extras: Statistiken sind zum Beispiel wesentlich, um zu überprüfen, ob deine Aktivitäten gut ankommen. Auch die Möglichkeiten zum Branding, also wie individuell du dein Profil auf dein Corporate Design anpassen kannst, ist nicht unwichtig. Und je mehr Vernetzung das Portal bietet, desto eher lässt sich Viralität herstellen.

Natürlich sind auch die Kosten nicht zu vernachlässigen. Da viele Netzwerke mittlerweile stark kommerzialisiert sind, ist längst nicht jede Präsenz kostenlos. Sieh dir daher noch einmal an, welche Funktionen in kostenlosen Profilen enthalten sind, und ob sich ein Upgrade auf eine kostenpflichtige Mitgliedschaft für dich lohnt.

Top 10: To-Dos für deinen Einstieg ins Social Media Marketing

Baue dir eine Website
Suchmaschinenoptimierung nicht vergessen! ❶

Entwickle einen Blog
Die Homebase für deinen Content ❷

Sichere dir deinen Namen auf Twitter
Was man hat, das hat man! ❸

Richte Facebook-Account oder Fanseite ein
Am größten Netzwerk kommt keiner mehr vorbei ❹

Richte ein XING- und/oderLinkedIn-Profil ein
Du brauchst eine professionelle Visitenkarte! ❺

Erstelle eine XING-Unternehmensseite
Dann bist du im Business-Netzwerk gut aufgestellt ❻

Lege ein Google-Places-Profil an
Wer nach dir sucht, soll dich ja auch finden ❼

Such deinen Namen bei Google News
Richte eine E-Mail-Benachrichtigung dazu ein ❽

Beobachte regelmäßig Foren & Blogs
Damit du weißt, worüber die Branche redet ❾

Erstelle ein Set von guten Fotos
Die kannst du crossmedial überall einsetzen ❿

Fallbeispiel: der Social Media Triathlon von MyGoal.de

Das Internet-Start-up MyGoal ist seit Dezember 2010 mit einer Plattform für Ausdauertraining online und hat sich recht schnell einen Namen unter Marathonläufern und Triathleten gemacht – dank Social Media. Die Betreiber setzten auf eine Social-Media-Strategie mit drei Säulen: ein

Blog, eine Facebook-Seite und einen Twitter-Account. Damit wollte MyGoal in die Szene der Ausdauersportler einsteigen. Die Frage war allerdings, ob sich Zehntausende Sportler, die an Lauf- und Triathlonwettkämpfen teilnehmen, auf diese Art tatsächlich ansprechen lassen.

Für MyGoal ging der Plan schon nach einem halben Jahr auf. Neben steigenden Nutzerzahlen auf der Webseite ist vor allem die rasch wachsende Community von MyGoal-Athleten wertvoll. Sie sorgen dafür, dass das Projekt bekannt wird, helfen bei der Entwicklung und geben wichtiges Feedback. Inzwischen hat diese 3-Säulen-Strategie auch einen Namen „Social Media Triathlon". Statt zu schwimmen, Rad zu fahren und zu laufen, bloggen, twittern und facebooken die Macher von MyGoal. Und das mit der gleichen Ausdauer, die im Sport zählt. Denn der Erfolg kam nicht über Nacht.

Social Media Triathlon: Blog, Facebook und Twitter. Für MyGoal war dieser Mix genau die richtige Wahl.

Einige Dutzend Blog-Beiträge mit Trainingstipps wollten erst einmal geschrieben werden, bevor Suchmaschinen und Nutzer überhaupt Notiz von der neuen Webseite nahmen. Vor allem Twitter erwies sich als geeignetes Tool, um neue Beiträge bekannt zu machen. Die Hashtags #Marathon und #Triathlon ziehen stetig neue Follower an, die gezielt zum Mitmachen bei Facebook und auf der eigenen Webseite eingeladen werden.

Bei Facebook half die MyGoal-Community bei einem kleinen Zwischen-spurt. Die Aufforderung, gemeinsam die ersten 100 Freunde zu finden, lös-te im Juni 2011 eifrigstes Bemühen von Followern und Facebook-Fans aus.

MyGoal ist mit diesen drei Disziplinen innerhalb weniger Wochen sichtbar und von der Zielgruppe angenommen worden.

Zu den größten Erfolgen gehören vordere Plätze bei Su-chergebnissen und steigende Seitenzugriffe. Die ersten Kunden, die einen persönlichen Trainingsplan bestellten, kamen eindeutig über Twitter und Facebook.

Auch auf Twitter zeigt MyGoal Kondition: Täglich werden im Schnitt zehn bis zwanzig Tweets an die Läuferwelt gepostet. Mit einem wöchentlichen Praxistipp für Läufer und Triathleten schafft MyGoal zusätzlich Mehrwert.

Zunehmend spielt auch Google eine Rolle, wobei auf kostenpflichtige Suchmaschinenwerbung weiterhin verzichtet wird.

Um innerhalb weniger Wochen 300+ Twitter-Follower, 100+ Facebook-Likes und schnell steigende Zugriffszahlen zu erreichen, war lediglich die Qualität der Inhalte entscheidend. Thematisch drehen sich nahezu alle Blog-Beiträge um die Trainingsplanung im Ausdauersport.

Der 10-Punkte-Plan von MyGoal

1 Einrichten eines kostenlosen Wordpress-Blogs

2 Keyword-Recherche & Suchmaschinenoptimierung (SEO)

3 Erstellen einer Facebook-Fanpage

4 Anmeldung eines Twitter-Accounts

5 Regelmäßige Veröffentlichung relevanter Blog-Beiträgen

6 Verbreitung der Beiträge via Twitter und Facebook

7 Einbindung eines Facebook- und eines Twitter-Buttons auf der Seite

8 Gastbeiträge in anderen Blogs, Websites und Foren mit entsprechender Verlinkung

9 Interaktiver Dialog mit den Nutzern mittels kleiner Aktionen, Fragen und Diskussionen

10 Schnelles Feedback und individuelle Antwort auf jede Nutzeranfrage

---

„Social Media für MyGoal unverzichtbar!"

Mathias Priebe
Der Triathlet und MyGoal-Gründer

„Social Media helfen MyGoal strategisch. Wir erleben eine steile Lernkurve, können das Angebot gemeinsam mit den Nutzern verbessern, und gleichzeitig Vertrauen in das Angebot und die Kompetenz des Teams schaffen. Ohne klassische Werbeausgaben erreichen wir ständig neue Nutzer und bauen eine loyale Community auf."

Erst zuhören – dann loslegen!

© starush - Fotolia.com

Die Netzwerke sind ausgewählt, deine Ziele festgelegt und eine offizielle Stimme gibt es auch? Na, dann kann es ja eigentlich losgehen. Eigentlich! Denn uneigentlich fehlt in deinen Vorbereitungen doch noch etwas: Die erste Phase deiner Social Media Karriere sollte nämlich immer „Zuhören" sein. Wenn du also Profile eingerichtet hast, warte mit deinen ersten Posts noch einen Moment und nutze die Zeit, um das ausgewählte Netzwerk richtig kennenzulernen. Denn du musst die Dynamik und Kommunikation wirklich gut kennen und verstehen, um erfolgreich sein zu können. Auch wenn du bereits bei der Wahl deiner Netzwerke in die jeweiligen Plattformen gut reingeschaut hast, sperre die ersten beiden Wochen deiner Social-Media-Präsenz weit die Ohren und Augen auf. Damit meine ich, dass du regelmäßig, am besten täglich, in deine Netzwerke einloggst, und dir mit etwas Zeit und Muße anschaust, was die anderen tun.

Vernetze dich erst einmal mit Leuten, die du bereits kennst. Das ist zugegebenermaßen immer am einfachsten. Dann kannst du als Nächstes nach Menschen Ausschau halten, die auch zu deinen Themen und Kompetenzen posten. Lies dir durch, worüber sie wie schreiben und wie häufig gepostet wird. Auch Kommentare und Reaktionen darauf sind interessant. Dadurch kannst du viel über die Art und Weise lernen, wie in dem jeweiligen Netzwerk kommuniziert wird. Oder natürlich auch, in welchen Zeitabständen eine Aktivität von dir erwartet wird.

Bei vielen Netzwerken wie Twitter, Flickr oder YouTube werden die beliebtesten Beiträge des Netzwerks auf der Homepage gesammelt. Schau dort in der ersten Zeit möglichst täglich vorbei, denn so kannst du sehr gut lernen, welche Beiträge bei der Community gut ankommen. Vielleicht inspiriert dich ja das ein oder andere zu einer guten Content-Idee für dein Unternehmen.

Probiere außerdem alle Funktionen und Applikationen deines ausgewählten Netzwerks aus, damit du die Möglichkeiten kennst, die dir geboten werden. Wenn es eine Suchfunktion gibt, nutze sie, um nach relevanten Beiträgen zu suchen.

Twitter bietet beispielsweise eine erweiterte Suche an, über die sich ganz gezielt nach bestimmten Informationen suchen lässt. So findest du nicht nur relevante Beiträge, sondern vermutlich auch andere Nutzer, die für dich interessant sein können.

Durch die gezielte Suche lässt sich auch gut herausfinden, welche Inhalte aus deiner Branche bereits vorhanden sind. Schließlich will ja keiner die zehnte Top-10-Liste zum gleichen Thema lesen. Und die 17. XING-Gruppe für

Rhetoriktraining braucht auch kein Mensch. Nur mit neuem interessanten Content wirst du deine Gefolgschaft begeistern können.

Unter http://search.twitter.com/advanced kommst du zu der erweiterten Suche von Twitter. Die lässt sich auch sehr gut nutzen, um Meinungen und Stimmungsbilder einzufangen. Dafür brauchst du noch nicht einmal bei Twitter registriert zu sein.

Je mehr du also über das Spektrum deines Netzwerks weißt, umso besser kannst du darin agieren und den so wichtigen Mehrwert schaffen.

Bei den Suchen konzentrierst du dich am besten auf drei Bereiche: den Namen deines Unternehmens, die Branche und deine Mitbewerber. So erfährst du, wie dein Unternehmen und deine Branche in den Social Media wahrgenommen und diskutiert werden. Außerdem siehst du, wie sich deine Mitbewerber aufgestellt haben. Beides sind wichtige Erkenntnisse für den Erfolg deiner Social-Media-Strategie, denn mit diesem Wissen kannst du deinen Content und deine Aktivitäten optimal vorbereiten. Und dann ... darfst du endlich etwas posten.

Content is King: Auf den Inhalt kommt es an!

Endlich posten, aber was ...? Ich erinnere mich noch an meinen allerersten Tweet. Stundenlang blinkte mir das „Was gibt's Neues?" in der Statusbox von Twitter entgegen. 140 Zeichen wirkten plötzlich wie ein Roman, als ich dann wirk-

lich mal selbst etwas schreiben wollte. Und den ersten Eindruck will man sich ja nicht mit Nachrichten, die zwischen langweilig und überflüssig rangieren, zunichte machen.

Gerade in der ersten Zeit ist es daher ganz gut, wenn du schon ein wenig Inhalte vorproduziert hast. Dann gerätst du nicht so unter Zugzwang, wenn das regelmäßige Posten losgeht. Vielleicht lassen sich ein paar Blog-Artikel schon im Voraus schreiben, die du dann nach und nach hochladen kannst.

Auch Fotos oder Kommentare zu den Publikationen anderer könntest du schon einmal vorbereiten und dann erst später posten. Dadurch hast du einfach mehr Zeit, das Netzwerk kennenzulernen, auf Kommentare zu reagieren und mit anderen Nutzern zu interagieren.

Wenn du dann erst einmal etwas Routine hast, geht dir die Content-Produktion sicherlich sowieso sehr viel schneller von der Hand. Aber besonders am Anfang, wenn alles noch etwas hapert, bist du für vorgefertigte Beiträge vermutlich dankbar.

Und wie du ja weißt, kommt es ganz besonders darauf an, dass du interessante und verbreitenswerte Inhalte produzierst. Das ist gar nicht mal so einfach. Insbesondere, wenn man das noch nie gemacht hat.

Damit dir in der ersten Zeit nicht gleich die Luft ausgeht, gibt es jetzt eine Liste mit einigen Ideen für Blog-Beiträge und Artikel. Das ein oder andere kannst du davon sicherlich auch selbst einmal ausprobieren.

30 Ideen für Blogs & Artikel

- Ein Ausblick: Wohin geht die Branche?
- Wie vereinfacht oder verbessert dein Produkt das Leben deiner Kunden?
- Was sind die fünf größten Irrtümer in deiner Branche?
- Vergleiche den deutschen Markt mit einem internationalen Markt.
- Entwickle eine Art ethischen Codex für deine Branche.
- Zeige Fallbeispiele – positive wie negative.
- Bitte Meinungsführer deiner Branche um ein Interview, auch internationale Gesprächspartner kommen gut an.
- Erstelle eine Liste weiblicher Führungskräfte in deiner Branche.
- Schreibe Rezensionen über neue, relevante Bücher.
- Gibt es berühmte Leute, die sich mit deinem Thema einmal befasst haben? Wenn ja – schreibe drüber!
- Diskutiere Artikel und Blogs, die andere verfasst haben, und begründe deine Meinung.
- Stelle in den Social Media eine Fachfrage und sammle die Antworten in einem Artikel.
- Sind Innovationen oder Veränderungen in deinem Unternehmen geplant? Blogge dazu!
- Vergleiche alte Methoden oder Techniken mit den heutigen.
- Blogge über Seminare, Messen oder Vorträge, die du besucht hast.
- Erstelle eine Liste mit nützlichen Websites aus deiner Branche.
- Welche Einflüsse hat die aktuelle Wirtschaftssituation auf deine Branche?

- Erzähle von deinem allerersten Kunden oder Projekt. Was machst du immer noch auf die gleiche Art und Weise, was hat sich seitdem verändert?
- Wie steht dein Unternehmen zu Themen wie Nachhaltigkeit, Wirtschaftsethik oder Umweltschutz?
- Was war der bisher größte Erfolg deines Unternehmens?
- Wenn du in deiner Branche etwas verändern könntest, was wäre es?
- In welchen Verbänden bist du Mitglied und warum?
- Engagiert sich dein Unternehmen für einen wohltätigen Zweck?
- Hast du eine Auszeichnung oder Zertifizierung erhalten? Blog nicht vergessen!

- Was brauchst du in deinem Arbeitsalltag, worauf du auf keinen Fall verzichten kannst?
- Was ist deine Unternehmensphilosophie?
- Gibt es eine Person oder ein Motto, die Inspiration für dich und dein Unternehmen ist?
- Wenn du deinen Kunden einen einzigen guten Rat mitgeben kannst, wie lautet er und warum?
- Welche Fehler siehst du in deiner Branche immer wieder und wie kann man sie vermeiden?
- Wie viele Kilometer bist du dieses Jahr schon zu Kunden gereist? Wie viele Tassen Kaffee wurden in deinem Unternehmen bisher getrunken? Zahlen und Statistiken sind immer einen Blog wert.

6. Der vernetzte Alltag

Social Media sind ein verdammt schnelles Medium. Am Anfang geht noch sehr viel spontan und ad hoc, aber nach einiger Zeit solltest du dein Social Media Marketing etwas professionalisieren. Denn wenn du erst einmal richtig damit angefangen hast, wirst du ziemlich bald an einen Punkt kommen, an dem du deine Aktivitäten etwas strukturieren musst.

Dadurch lässt es sich auch viel leichter in deinen vermutlich sowieso nicht gerade entspannten Arbeitsalltag integrieren. Schließlich passiert ständig auf allen Kanälen etwas, und es gilt, die Kontrolle zu behalten.

Am besten funktioniert das, indem du die einzelnen Bereiche etwas beobachtest. Schreib dir einfach einmal auf, wann du welche Tätigkeit ausübst und wie viel Zeit du dafür benötigst. Wenn du das über eine Woche hinweg tust, erhältst du einen ganz guten Durchschnitt.

Darauf aufbauend kannst du dann versuchen, die einzelnen Abläufe etwas zu strukturieren und in deinen Tagesablauf einzubauen. Bei den verschiedenen Netzwerken sind deine Kontakte vielleicht auch zu ganz unterschiedlichen Zeiten aktiv. Dann macht es sowieso viel mehr Sinn, deine Posts darauf abzustimmen.

Mit etwas Routine und einem Zeitplan kannst du deinen Arbeitsaufwand deutlich verringern und dein Social Media Marketing konzentriert aufbauen, ohne dich zu verzetteln. Trotzdem muss das natürlich nicht immer exakt nach der Stechuhr verlaufen.

Und täglich grüßt das Netzwerk

Es kommt natürlich darauf an, welche Netzwerke du für dein Social Media Marketing auswählst, aber grob könnte ein typischer Tag in den Social Media eventuell so aussehen:

1 **Twitter-Check**: Keywords und Unternehmensnamen in Tweets suchen, die Tweets der Mitbewerber lesen, ggf. auf Tweets antworten und relevanten, neuen Followern folgen. (zweimal täglich)

2 **Website-Statistiken** checken. Wie viel Traffic ist auf deiner Seite? Wo kommt er her? (täglich)

3 Auf **Kommentare im Blog** reagieren. (ein- bis zweimal täglich)

4 Andere **Blogs überfliegen**, relevante Artikel lesen und ggf. kommentieren und verbreiten. (täglich)

5 Einen eigenen **Blog-Artikel verfassen**. (möglichst täglich)

6 **Google-E-Mail-Benachrichtigungen** auf Erwähnungen und interessanten Content überprüfen. (täglich)

7 **XING-/LinkedIn-Check**. Profilbesuche überprüfen und bei interessanten, neuen Besuchern ggf. Kontaktaufnahme, relevante Statusmeldungen als „interessant" markieren oder kommentieren. (täglich)

8 Bei Bedarf eine **Frage bei Quora einstellen**.

9 **Facebook-Check**: Profil mit mulitmedialer Statusmeldung versehen, Statistiken überprüfen, auf Pinnwand-Posts und Kommentare reagieren, mit Content anderer interagieren. (zweimal täglich)

10 **Weitere Netzwerke** deiner Wahl wie beispielsweise YouTube, Flickr oder Empfehlungsportale auf Aktivitäten überprüfen. (täglich)

Top 10: Die besten kostenlosen Social Media Monitoring Tools

socialmention.com
Wie Google-Benachrichtungen, nur besser! ①

steprep.com
Spezialist für kleine, lokale Anbieter ②

addictomatic.com
Durchsucht Blogs, Newssites, Videos und Bilder ③

howsociable.com
Berechnet die Sichtbarkeit von Marken im Web ④

klout.com
Bewertet deinen Einfluss auf Twitter & Facebook ⑤

beevolve.com
Beliebtes Tool mit umfangreichen Funktionen ⑥

Facebook Insights
Die Statistiken von Facebook sind Gold wert! ⑦

topsy.com
Die beste Twitter-Suchmaschine ⑧

openbook.org
Suchmaschine für Facebook-Inhalte ⑨

sysomos.com
Kostenpflichtiger Anbieter umfassender Analysen ⑩

Marketing-Schaltzentrale: Social Media Dashboards

Um deine Social Media-Profile möglichst effektiv zu pflegen, gibt es nichts Besseres als die sogenannten Social Media Dashboards. Das sind Programme oder Webdienste, über die sich gleich mehrere Social Netzworks bedienen lassen.

Dann musst du dich erst gar nicht mehr in die Profile einloggen, sondern kannst ganz bequem aus dem Programm heraus die wichtigsten Aktivitäten in allen Netzwerken erledigen. Mit einem Social Media Dashboard machst du deinen Rechner sozusagen zur Schaltzentrale deiner Netzwerke und Profile.

Die Social Media Dashboards bieten abgesehen von den allgemeinen Funktionen auch noch erweiterte Möglichkeiten an. Beispielsweise lassen sich Tweets nicht nur von dort verschicken, sondern mitunter vorprogrammieren oder fremdsprachige Tweets übersetzen. Dein Social-Media-Alltag wird mit diesen Programmen um einiges entspannter! Die drei besten stelle ich dir daher kurz vor.

TweetDeck: Wissen, was läuft – in Echtzeit!

TweetDeck klingt zwar erstmal nur nach Twitter, kann aber einiges mehr. Obwohl das Programm erst vor kurzem von Twitter Inc. gekauft wurde, kannst du damit auch Face-book, MySpace, LinkedIn, Foursquare und Google Buzz aktualisieren. TweetDeck funktioniert über Spalten, in die in Echtzeit Timelines einlaufen. Einige praktische Spalten werden vom System vorgegeben, darunter die Timeline, in der die Tweets all deiner Followings einlaufen oder eben dein Newsfeed aus Facebook.

Auf die Standardspalten bist du allerdings lange nicht angewiesen. Du kannst alle Spalten nach deinem eigenen Gusto löschen oder neue erschaffen. Stichwortsuchen kön-

TweetDeck ist das kleine Schwarze unter den Social Media Dashboards. Das Programm steht für PC und Mac kostenlos zum Download zur Verfügung: www.tweetdeck.com.

nen beispielsweise ebenfalls als Spalte angelegt werden. Darüber hinaus ist TweetDeck mit einigen Diensten verknüpft. Zum Beispiel kannst du Videoclips von YouTube, TwitVid, 12seconds und Qik anschauen, ohne TweetDeck zu verlassen. Über die Tools TwitVid und 12seconds lassen sich Videos sogar direkt aufnehmen und mit nur wenigen Klicks auf Twitter und Facebook verbreiten. Natürlich ist vor allen Dingen rund ums Tweeten an alles gedacht! Die Einbindung von Fotos und Videos ist per Klick möglich. Ein eingebauter URL-Kürzer macht externe Dienste überflüssig, und auch die Ortsangabe lässt sich von hier aus steuern.

Ein weiteres großes Plus für Tweet-Deck: In den Einstellungen kann man Deutsch als Hauptsprache auswählen. Die Oberfläche von TweetDeck bleibt dann zwar in englischer Sprache, aber dafür übersetzt TweetDeck auf Wunsch fremdsprachige Nachrichten! Und solltest du dich tatsächlich einmal von deinem Computer wegbewegen wollen, kannst du über eine Zeitschaltuhr Posts zu festgeleg-

Du kannst dir Videoclips von YouTube, Twit-Vid, 12seconds und Qik direkt ansehen, ohne TweetDeck zu verlassen. Es ist sogar möglich, Videos direkt aus TweetDeck heraus mit Twit-Vid und 12seconds aufzunehmen und sie mit nur wenigen Klicks auf Twitter und Facebook zu posten.

ten Zeiten absetzen. Dafür ist allerdings eine Registrierung auf der Website von TweetDeck nötig. Die ist ebenso kostenfrei wie das Programm selbst!

 Wenn du nicht gerade auf Geheimdienst-Flair am heimischen Schreibtisch stehst, solltest du nach dem ersten Anmelden die Benachrichtigungen ausschalten. Das geht in den Einstellungen unter *Notifications*. Ansonsten tweept es auf deinem Computer im Sekundentakt!

HootSuite: alle Netze in einem Fenster

HootSuite sieht auf den ersten Blick genauso aus wie TweetDeck. Sogar der schwarze Kommandozentralen-Look ist fast der gleiche. Nur aus dem kleinen Zwitschervögelchen ist bei HootSuite eine ausgewachsene Eule geworden. HootSuite gibt es in einer werbefinanzierten, kostenlosen Variante und in einer kostenpflichtigen Variante mit einem erweiterten Funktionsumfang.

Der größte Unterschied zu TweetDeck liegt in der Anwendungsart. HootSuite ist kein Programm, das man vom eigenen Rechner aus bedient, sondern funktioniert webbasiert. Man loggt sich also auf der HootSuite-Website ein und steuert vom Browser aus alle Funktionen.

Der Vorteil besteht darin, dass man mit HootSuite das ganze Social-Media-Universium überall auf der Welt unter Kontrolle hat. Natürlich nur, solange es einen Computer mit Internetzugang gibt. Aber ich wette, den findest du heutzutage sogar bei den Aborigines in der australischen Wüste!

Allerdings stellt Hootsuite gerade in der kostenpflichtigen Variante einige Schmankerl zur Verfügung. Beispielsweise stellt HootSuite ausführliche Statistiken bereit. Außer-

dem kannst du gesponserte Hashtags ausblenden. Falls du mit mehreren Personen die Social-Media-Kanäle bedienst, könnt ihr euch untereinander Aufgaben zuordnen. Dann kann jeder auf die Kommentare Feedback geben, in deren Sachgebiet er oder sie sich besonders gut auskennt.

Seesmic: Schweizer Messer für Social Media

Seesmic ist der größte Anbieter rund um das Thema Social Media Dashboards. Es gibt plattformübergreifende Desktop-Clients, browserbasierte Tools und Smartphone Apps. Damit bietet Seesmic im Vergleich die größte Flexibilität an.

Auch bei Seesmic läuft alles im Spaltendesign, allerdings kann man hier sowohl horizontal als auch vertikal scrollen. Das horizontale Scrollen lässt sich auch individuell abschalten.

Der wichtigste Unterschied zu TweetDeck und HootSuite sind die vielen Plug-ins. Das sind Erweiterungen, die man sich individuell zusammenstellen kann. Über die Plug-ins können so Verknüpfungen zu fast jeder gängigen Social-Media-Plattform und sogar zu einigen neuen Anbietern hergestellt werden.

So lassen sich auch Blogs, E-Commerce- und News-Portale in Seesmic integrieren. Insgesamt gibt es aktuell 80 Plug-ins, und die Entwickler sind fleißig dabei, das noch auszuweiten.

Damit der Informationswust innerhalb des Programms aus den verschiedenen Plattformen nicht überhand nimmt, können Postings über die Schaltfläche *interests* nach Gen-res gefiltert werden, wie zum Beispiel Entertainment, Politik oder Sport.

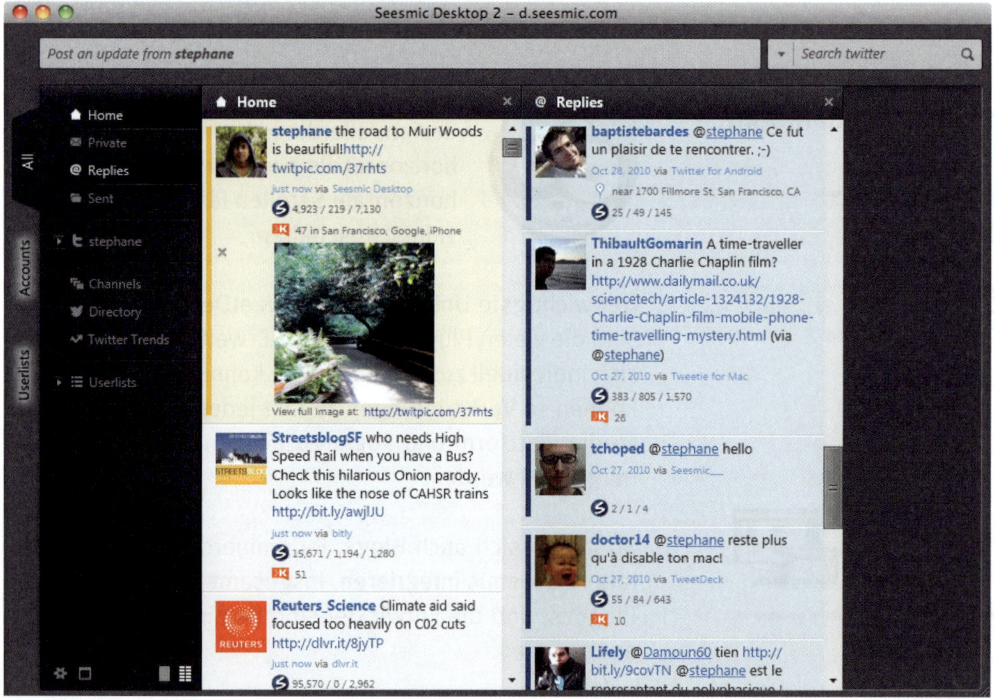

Seesmic Desktop 2 – d.seesmic.com

Post an update from **stephane**

Search twitter

- 🏠 Home
- ✉ Private
- @ Replies
- 📨 Sent

- 🐦 stephane

- 🗂 Channels
- 🐦 Directory
- 📈 Twitter Trends

- ≡ Userlists

🏠 Home

stephane the road to Muir Woods is beautiful!http://twitpic.com/37rhts
just now via Seesmic Desktop
Ⓢ 4,923 / 219 / 7,130
Ⓚ 47 in San Francisco, Google, iPhone

View full image at: http://twitpic.com/37rhts

StreetsblogSF who needs High Speed Rail when you have a Bus? Check this hilarious Onion parody. Looks like the nose of CAHSR trains http://bit.ly/awjlJU
just now via bitly
Ⓢ 15,671 / 1,194 / 1,280
Ⓚ 51

Reuters_Science Climate aid said focused too heavily on C02 cuts http://dlvr.it/8jyTP
just now via dlvr.it
Ⓢ 95,570 / 0 / 2,962

@ Replies

baptistebardes @stephane Ce fut un plaisir de te rencontrer. ;-)
Oct 28, 2010 via Twitter for Android
⚲ near 1700 Fillmore St, San Francisco, CA
Ⓢ 25 / 49 / 145

ThibaultGomarin A time-traveller in a 1928 Charlie Chaplin film? http://www.dailymail.co.uk/sciencetech/article-1324132/1928-Charlie-Chaplin-film-mobile-phone-time-travelling-mystery.html (via @stephane)
Oct 27, 2010 via Tweetie for Mac
Ⓢ 383 / 805 / 1,570
Ⓚ 26

tchoped @stephane hello
Oct 27, 2010 via Seesmic___
Ⓢ 2 / 1 / 4

doctor14 @stephane reste plus qu'à disable ton mac!
Oct 27, 2010 via TweetDeck
Ⓢ 55 / 84 / 643
Ⓚ 10

Lifely @Damoun60 tien http://bit.ly/9covTN @stephane est le representant du polypharique !

Seesmic hat eine sehr übersichtliche Benutzeroberfläche. Verlinkte Bilder und Videos können direkt in der Oberfläche dargestellt werden.

Der kleine Social-Media-Knigge

In den Social Media herrscht oft ein weitaus lockerer Ton als in den klassischen Medien. Wenn du deine Hausaufgaben in punkto „Zuhören" gemacht hast, dann ist dir das sicher klar. Das bietet Chancen, in einen nachhaltigen und gleichberechtigten Dialog mit Kunden und Entscheidern einzutreten. Aber es ist nicht ganz einfach, dabei die Balance zu halten. Schließlich willst du weiterhin kompetent, sachlich und professionell wirken. In den Social Media haben sich dank einiger Erfahrungswerte bereits Standards im Umgang miteinander entwickelt, die du beherzigen solltest. Ein paar Benimmregeln gilt es ja auch in der Realität zu beachten, das ist in der digitalen Welt daher nicht viel anders. Aber keine Sorge, weder unbequeme Knickse noch feuchte Handküsse sind von Nöten. Mit ein wenig Menschenverstand erklärt sich die sogenannte Netikette, also die Etikette im Internet, eigentlich von selbst.

1 **Einmal reicht!** Überschwemme deine Fans und Follower nicht mit den immer gleichen Links. Die meisten Leute sind davon genervt. Es spricht nichts dagegen, in verschiedenen Netzwerken die gleichen Inhalte zu verbreiten, aber passe deine Posts immer an das jeweilige Netz an.

Auf Facebook ist ein multimedialer Post mit einem etwas längeren Text viel auffälliger. Auf Twitter solltest du kurz und knackig zum Punkt kommen. Und dass nicht jeder in deiner Fangemeinde jeden Post von dir liest, liegt nun einmal in der Natur der Sache.

2 **Ein Dankeschön erhält die Freundschaft.** Vergiss nicht, dich für Weiterleitungen und Erwähnungen zu bedanken. Schließlich ist es immer ein Kompliment, wenn jemand deinen Content verbreitet. Und vor allem bringt es dir viel positive Aufmerksamkeit!

Feedback von Kunden, Partnern, Fans und anderen Usern aus den Social Networks ist immer ein Dankeschön wert!

3 **Sei freundlich!** Auch wenn dich jemand noch so ärgert, missbrauche die sozialen Netzwerke niemals als Kriegsschauplatz. Beleidigungen oder Beschimpfungen gehören nicht hierher, schon gar nicht als Unternehmen.

Wenn du negative Beiträge erhältst, atme lieber erst einmal tief durch und lies dann auf Seite 246 weiter. Da geht es nämlich um den richtigen Umgang mit negativem Feedback.

Auch in der digitalen Welt steht gutes Benehmen hoch im Kurs.

4 **Bleibe beim Thema.** Es ist ganz wichtig, dass du dich nicht zu weit von deinem Thema entfernst. Es soll nicht alles bierernst sein, ganz im Gegenteil, gerade die persönlichen Informationen geben deinem Content die Würze, die

in den Social Media gut ankommt. Aber das heißt nicht, dass du dich in private Plaudereien verlieren sollst. Denke immer daran, wie viele Menschen mitlesen!

5 **Schmücke dich nicht mit fremden Federn.** Wenn du einen Link oder eine Information an deine Gefolgschaft weiterleiten willst, erwähne immer den ursprünglichen Absender. Nutzt du dafür die offiziellen Weiterleitungsfunktionen der Netzwerke, ist das automatisch gewährleistet. Diese Möglichkeiten solltest du daher auf jeden Fall einsetzen. Wenn das einmal nicht geht, dann setze hinter deinen Post einfach den ursprünglichen Absender in Klammer, beispielsweise so (via Thorsten Roth).

6 Kein Spam. Ständiges Bitten um Weiterleitungen oder Aufforderungen, unbedingt zu klicken, zu folgen oder zu kommentieren empfinden die meisten als genauso störend wie lästige Werbe-Tweets. Wenn dir für den nächsten Post partout nichts einfällt, warte lieber, bis dich die Muse wieder küsst.

7 **Antworte!** Wenn jemand dich direkt anspricht, solltest du möglichst immer antworten. Checke daher regelmäßig deine Nachrichten und Portale, sonst denken die Leute

noch, du sitzt auf deinen Ohren. Und das kommt gar nicht gut an, schließlich geht es hier doch – richtig! – ums Zuhören!

Je schneller du in Social Networks reagierst, desto besser. Gern gesehen wird auch, wenn du zu Kommentaren von Fans, Kunden etc. deinen Facebook-Daumen reckst …

8 Konkurrenz belebt das Geschäft. Es wird sich leider nicht vermeiden lassen, dass du in den Social Media immer wieder auf deine Mitbewerber stößt. Bleibe souverän und lass dich keineswegs auf irgendwelche Schlammschlachten ein. Gerade in den Social Media geht es ja darum, dass jeder die Medien gleichberechtigt nutzen kann. Verletze dieses Grundprinzip nicht!

9 Zeige Respekt! Die Social-Media-Gemeinde ist sehr mächtig. Überschätze deinen eigenen Einfluss daher nicht. Unternehmen geben hier nämlich lange nicht mehr den Ton an. Anregungen und Meinungen aus den Social Media solltest du daher immer ernst nehmen. Mit Ignoranz und Arroganz kannst du ganz schnell einpacken.

10 Sei offen und flexibel. Gerade am Anfang kann es dir sehr gut passieren, dass deine Aktivitäten nicht so verlaufen, wie du es dir vorstellst. Eine Diskussion geht vielleicht in eine ganz andere Richtung als geplant oder du erhältst Kommentare, die du gar nicht erwartet hast. Wenn so etwas passiert, freu dich in erster Linie über die Interaktion, die du hervorgerufen hast und reagiere flexibel. Schließlich kommt immer alles anders, als man denkt, und das gilt ganz besonders für Social Media.

@sharlely
sharlely becker

Unfortunately I have to delete the last message , my husband thinks its not so nice ! Well I DO fuck you pocher!

15 Apr. via Twitter for BlackBerry®   ☆ Als Favorit markieren   ⇄ Retweet   ↰ Antworten

Angriffe wie dieser von Lilly Becker auf Oliver Pocher solltest du als Unternehmen unter allen Umständen vermeiden.

Wenn du dir mal nicht sicher bist, gibt es eine einfache Faustregel. Stelle dir selbst diese beiden Fragen: Würdest du als Empfänger gut finden, was du vorhast?

Und würdest du dich auch so verhalten, wenn deine Fans und Follower in Fleisch und Blut vor dir stünden?

Wenn du diese beiden Fragen mit einem eindeutigen „Ja!" beantworten kannst, dann liegst du normalerweise richtig.

Wenn mal etwas schief geht ...

Die Facebook-Fans des Spülmittels Pril sollten in einem Wettbewerb ein neues Flaschendesign entwerfen. Doch die PR-Nummer ging nach hinten los.

Erst vor ein paar Monaten hatte sich Henkel eine tolle Facebook-Aktion ausgedacht Die Fans sollten Designvorschläge für die Flasche des Spülmittels Pril machen. Jeder Fan konnte ein eigenes Design entwerfen und über eine App auf der Fanseite von Pril präsentieren.

Die Community wählte dann ihre Favoriten. Aus den zehn meistgewählten Vorschlägen sollte eine Jury anschließend zwei Sieger bestimmen, deren Designs tatsächlich in den Handel kommen sollten. Soweit so gut – Wettbewerbe wie diese gibt es wie Sand am Meer auf Facebook.

Dann passierte aber etwas, was die klugen Damen und Herren bei Henkel sicher so nicht erwartet hatten: Zu den beliebtesten Designs gehörten nämlich einige skurile Vorschläge mit verzerrte Comic-Gesichtern, Bratwürstchen und der Aufschrift „Pril schmeckt lecker nach Hähnchen". Anstatt das Ganze einfach mit einer Prise Humor zu nehmen, wurde auf Seiten des Spülmittelherstellers kräftig Schaum geschlagen.

Henkel änderte nämlich nonchalant die Wettbewerbsbedingungen. Plötzlich wurden alle Designs gesichtet, bevor sie online gingen. Noch schlimmer war allerdings, dass man aus dem Handgelenk heraus Stimmen bereinigte.

So kam es, dass bei der Community sehr beliebte Designs aus den Top 10 verschwanden. Henkel begründete die Vorgehensweise damit, dass die abgezogenen Stimmen automatisch vergeben worden wären und nicht echt seien.

Die Fans liefen Sturm und es hagelte negative Kommentare im Minutentakt auf Pril herab. Trotz zigfacher Aufforderung erklärte Henkel nicht, warum die angeblich automatisch vergebenen Fake-Stimmen abgezogen wurden und woran die Fakes zu erkennen gewesen wären.

Innerhalb von einer Stunde prasselten bis zu 160 Kommentare, zumeist negative, auf die Pril-Fanseite herunter.

Die Fans waren Henkel daher Wahlbetrug vor und nannten die Aktion eine verlogene Kampagne. Statt Aufklärung und Information zu bieten, reagierte die offizielle Spülmittel-Stimme eher unmotiviert. Man verwies lapidar auf die Teilnahmebedingungen und bat etwas entnervt um Sachlichkeit. Henkel hat sich damit eher einen PR-Skandal allererster Klasse eingefahren, als einen positiven Eindruck bei der Zielgruppe zu hinterlassen.

Um den Streit zu schlichten, kündigte Henkel an, das skurrile Design „PRIIIIIIIIIIIIIIIIIL", welches auf Rang 3 landete, tatsächlich herzustellen. Die Pril-Flasche mit dem Monstergesicht wurde 194.478 Mal angesehen und 8.164 Mal gewählt.

Nun könnte man sagen, dass das nun einmal das Restrisiko ist, das man in den Social Media eingeht. Dadurch, dass jeder posten und antworten kann, alles direkt für jeden öffentlich einsehbar ist, ist man vor einer negativen Wendung nicht gefeit. Das stimmt auch! Auf negatives Feedback musst du jederzeit gefasst sein. Allerdings kannst du

durch eine angemessene Reaktion, ein Fiasko wie bei Pril vermeiden. Das wiederum hat der Versandhändler Otto in einer ganz ähnlichen Situation bewiesen

Otto hatte in 2010 einen Modelwettbewerb auf Facebook ausgerufen. Die Fans konnten sich per Foto-Upload bewerben. Wer die meisten Stimmen aus der Community erhielt, sollte als das Otto-Gesicht zwei Wochen lang die Fanpage zieren. Mit 1,2 Millionen Stimmen gewann allerdings nicht eine klassische Schönheit, sondern ein 22-jähriger Student mit blonder Perücke und Federboa, der sich als „Brigitte" beworben hatte.

Im Gegensatz zu Henkel reagierte Otto gelassen. Man konzentrierte sich auf den Erfolg; immerhin schossen die Fanzahlen von 10.000 auf 160.000 hoch, und das Medieninteresse war enorm. Dem Wunsch der Fans wurde ebenfalls entsprochen: Sascha alias „Brigitte" wurde zu einem Foto-Shooting eingeladen und zum Facebook-Gesicht erkoren. In einem öffentlichen Statement sagte Unternehmenssprecher Voigt „Wir freuen uns über die riesige Resonanz auf diese Aktion, danken allen Teilnehmern und sind vom Ergebnis wirklich überrascht. Humor ist, wenn man trotzdem lacht". Statt PR-Skandal wurde aus dem missglückten

Wettbewerb ein riesiger Imageerfolg. Und das nur, weil die Betreiber richtig reagiert haben!

Platz 2 und 3 wird es nicht gefreut haben, aber die „Gewinnerin" des Otto-Modelwettbewerbs wurde ein verkleideter Student.

Zehn goldene Regeln für den richtigen Umgang mit negativem Feedback

Wenn ich hier nur eine einzige Regel aufstellen dürfte, dann würde ich sagen: Gehe mit negativem Feedback positiv um. Denn wie du in den beiden Beispielen gesehen hast, kann die richtige Reaktion eine schwierige Situation in den Social Media schnell eindämmen. Eine falsche Reaktion hingegen wirkt unter Umständen wie Brandbeschleuniger – das wollen wir vermeiden!

1 Womit hast du es zu tun?

Was bei den negativen Bewertungen in den Empfehlungsportalen gilt, ist eigentlich die erste Regel für negatives Feedback in allen Kanälen. Als Erstes musst du herausfinden, um welche Art von Feedback es sich handelt. Denn nicht jeder negative Kommentar ist tatsächlich auch eine Antwort wert. Wenn jemand tatsächlich ein konkretes Problem hat oder konstruktiv kritisiert, solltest du auf dieses Feedback auf jeden Fall antworten. Manchmal ist die Kritik grundsätzlich berechtigt, aber der Absender hat vielleicht Fehlinformationen in seinem Feedback verwendet. Dann solltest du dieses richtigstellen, ohne die Kritik abzuwerten. Wenn der Kommentar von sogenannten Trollen kommt, lohnt sich eine Antwort oft gar nicht.

»**Troll**«: Eine Person, die mit ihren Beiträgen auf Social-Media-Plattformen nur provozieren möchte. Trollen geht es eigentlich darum, Aufmerksamkeit auf sich zu ziehen und gezielt zu stören. Ein lösungsorientierter Dialog ist nicht möglich.

Auch negatives Feedback, das von Spammer auf deinen Profilen verbreitet wird, um ein Konkurrenzprodukt zu bewerben ist oft die Mühe einer sachlichen Antwort nicht wert.

2 Antworte zügig.

Es ist nicht immer ganz leicht, das Tempo in den Social Media zu halten. Dafür geht es oft einfach zu schnell. Trotzdem ist wichtig, in den sozialen Netzwerken zügig zu reagieren. Das gilt ganz besonders, wenn du negatives Feedback erhältst. Denn durch deine Antwort hast du ja die Möglichkeit, den negativen Eindruck abzufedern oder eben auch etwas richtigzustellen. Welche genaue Zeitspanne angemessen ist, kommt immer auf das Netzwerk

an. Auf Twitter beispielsweise solltest du möglichst innerhalb einiger Stunden antworten. Auf Facebook reicht eine Antwort am selben Tag, vielleicht auch am Folgetag, wenn der Kommentar erst am Nachmittag gepostet wurde. Generell rate ich dir, lieber einen Moment zu warten, bevor du dich in Emotionen verlierst und vielleicht sogar unsachlich antwortest.

3 Rede wie ein normaler Mensch!

Du bist sicherlich in deinem Kompetenzfeld der Experte. Und obwohl es gerade in den Social Media sehr oft darum geht, diesen Expertenstatus unter Beweis zu stellen, solltest du dich gerade bei negativem Feedback damit zurückhalten. Fachchinesisch ist hier völlig fehl am Platze.

Antworte so, wie sich eine ganz normale Person in einer ähnlichen Situation auch verhalten würde. Oder so, wie du es als Kritikübender von deinem Gegenüber erwarten würdest. PR-Sprache und Roboterantworten wären sicher auch nicht dein Ding.

4 Keine Standardantworten!

Vermutlich wirst du in den Social Media immer mal wieder ähnliche Anfragen oder Kritikpunkte bekommen. Darum gibt es ja auch auf jeder Internetseite die Frequently Asked Questions, also die häufig gestellten Fragen. Es gibt einfach Themen, die immer wieder auftauchen. Dann ist es verlockend, auf Anfragen mit der gleichen Antwort zu reagieren, wie bei einem ähnlichen Post, der schon etwas zurück liegt. Davon solltest du aber besser die Finger lassen, denn du weißt ja nie, wer mitliest. Mache dir lieber die Mühe, jede Anfrage spontan und individuell zu beantworten. Auch wenn der Sachverhalt der gleiche ist, je nach Laune und Wetter werden deine Antworten immer ein wenig anders ausfallen.

5 Keine Zensur.

Viele Netzwerke geben dir erst gar nicht die Option, aber bei einigen hast du durchaus technisch die Möglichkeit, negative Posts zu löschen. Auch davon rate ich dir tunlichst ab. Damit verstößt du nämlich gegen eine ganze Reihe von Prinzipien, die du in den Social Media beachten solltest. Transparenz, Respekt vor der Community, Meinungsäußerung – um nur ein paar zu nennen. Zensur von unliebsamen Inhalten von Seiten der Unternehmen ist der Killer. Daimler hat das zu spüren bekommen, als sie eine Facebook-Fanseite sperren ließen, auf der sich Angestellte als Gegner des Bauprojekts Stuttgart 21 geoutet hatten.

Das Löschen von Posts ist nur dann gerechtfertigt, wenn darin rassistische oder beleidigende Inhalte vorkommen, die ggf. eine Einzelperson angreifen. Mit Kritik musst du leben – oder dich aus den Social Media fern halten.

„Leute, bei dem Gedanken, dass diese Frau unsere Nuklearwaffen kontrolliert, möchte ich am liebsten nach China auswandern – und ich hasse China." Die US-Politikerin Sarah Palin löschte kritische Kommentare wie diesen und geriet damit mehr als ins Kreuzfeuer ihrer Facebook-Fans.

6   Sei nicht beleidigt.

Seien wir doch mal ehrlich Kein Mensch hört gern Kritik. Viel lieber ist es doch uns allen, gelobt zu werden. Aber das Leben ist halt kein Wunschkonzert und das Unternehmertum erst recht nicht. Darum versuche, negatives Feedback möglichst nicht persönlich zu nehmen.

Bleib immer sachlich, professionell und offen. Mit der Zeit wird es immer einfacher werden, auch mit Kritik umzugehen, und du wirst einiges Positives für dein Unternehmen daraus ziehen können.

7   Kümmere dich um das Problem – nicht um die Person.

Es passiert leicht, dass kritische Kommentare eine persönliche Ebene erhalten. Lass dich darauf nicht ein, denn das gerät ganz schnell außer Kontrolle. Ein kleines Missverständnis hier, eine Fehlinterpretation dort, und schon hast du einen Kommentar-Krieg gestartet.

Leider ist es in dem Fall so, dass die wenigen negativen Kommentare immer mehr ins Gewicht fallen werden als die überzähligen positiven. Darum konzentriere dich in deiner Antwort immer auf den eigentlichen Kritikpunkt und lass alles Persönliche weitgehend außen vor.

8   Frage nach!

Wenn jemand einen kritischen Kommentar postet, bei dem dir nicht ganz klar ist, worum es geht, scheu dich nicht nachzufragen. Schließlich geht es bei Social Media um Interaktion. Eine Teilantwort wäre nämlich auch nicht unbedingt die Lösung, denn dann sieht es so aus, als würdest du

dich um die Antwort drücken. Eine Rückfrage ist vollkommen in Ordnung und zeigt, dass du das Problem verstehen möchtest, bevor du einfach eine Standardantwort abgibst.

9 Keine Werbung!

Nun gut, dass du Social Media nicht als Werbekanal betreiben sollst, hast du bis hierher schon öfter gehört. Gerade bei kritischem Feedback, beispielsweise wenn jemand bei einem Produkt eine fehlende Funktion bemängelt, ist die Versuchung groß, auf ein noch tolleres Produkt aus dem eigenen Hause zu verweisen.

Je nachdem wie der Kommentar verfasst wurde, auf den du antworten möchtest, kann das durchaus eine Lösung sein. In den meisten Fällen kommt es aber nicht gut an. Wenn du dich entscheidest auf kritisches Feedback mit dem Verweis auf einen Service oder ein Produkt von dir zu reagieren, formuliere mit Bedacht und verzichte wenigstens auf klassische Werbesprache.

10 Gelobe Besserung!

Ein bisschen Einsicht hat noch niemandem geschadet. Sicherlich gibt es genügend Feedback, dass kleinlich oder unfair ist, aber oft genug steckt in kritischen Kommentaren auch immer ein Stückchen Wahrheit. Und die solltest du nicht ignorieren.

Darum weise in deiner Antwort ruhig explizit daraufhin, dass die Kritik ernst genommen wird und du darüber zumindest nachdenken wirst. Erst recht, wenn die Kritik sich auf einen konkreten Fehler bezieht – dann solltest du dich entschuldigen und versprechen, den Fehler wieder gutzumachen.

So, ich hoffe, dass dir der Einstieg ins Social Media Marketing gelingt und bin schon ganz gespannt darauf, wie du mit deinem frisch erworbenen Know-how in Facebook, Twitter & Co. auftrumpfst.

Gern kannst du mir (oder BOB) persönlich davon berichten. Entweder per Mail an *info@iknow.de*, auf der Facebook-Pinnwand der iKnow-Buchreihe (*http://www.facebook. com/iKnowBuecher*) oder über ein anderes Social Media, das du in diesem Buch kennengelernt hast. Viel Erfolg und frohes Networken!

Stichwortverzeichnis